松花江干流流凌演进机理及堤防防护技术

The Technology of Flow Evolution Mechanism and Embankment Protection of Songhua River

耿贺松　李明伟　耿　敬　李　刚　著

哈尔滨工程大学出版社
Harbin Engineering University Press

内 容 简 介

本书在课题组多年来水利工程研究基础上,特别是结合近年来关于季节性冰冻河流相关技术的研究成果,从流凌演进数值模拟与实验研究、流凌演进全视景仿真模拟技术、冰凌作用下堤防防护技术三个方面对松花江干流流凌演进机理及堤防防护技术做了较为深入完善的论述和探讨。本书融理论性与实践性于一体,内容丰富、论证严谨、图文并茂、实用性强。

本书可供各级水利工程设计、管理、建设单位和职能管理部门工作人员,特别是从业于季节性冰冻河流流凌及堤防防护技术研究人员阅读,也可供大专院校水利、环境、地质、力学等相关专业教师、研究生、高年级学生参考。

图书在版编目(CIP)数据

松花江干流流凌演进机理及堤防防护技术/耿贺松等著. —哈尔滨:哈尔滨工程大学出版社,2020.4
ISBN 978-7-5661-2001-4

Ⅰ.①松… Ⅱ.①耿… Ⅲ.松花江-流域-堤防-防洪工程-研究 Ⅳ.①TV871.2

中国版本图书馆 CIP 数据核字(2018)第 147062 号

选题策划 张淑娜
责任编辑 张　昕
封面设计 刘长友

出版发行 哈尔滨工程大学出版社
社　　址 哈尔滨市南岗区南通大街 145 号
邮政编码 150001
发行电话 0451－82519328
传　　真 0451－82519699
经　　销 新华书店
印　　刷 北京中石油彩色印刷有限责任公司
开　　本 787 mm×1 092 mm　1/16
印　　张 10
字　　数 256 千字
版　　次 2020 年 4 月第 1 版
印　　次 2020 年 4 月第 1 次印刷
定　　价 55.00 元
http://www.hrbeupress.com
E-mail:heupress@ hrbeu.edu.cn

前　　言

松花江干流地处我国高纬度地区，冬夏气温差别较大，属于季节性冰冻河流，冰冻期较长，一般为每年的十一月中旬至翌年的四月初，凌汛现象在封冻期和开江期均有可能发生。由于松花江干流沿程水域流速逐渐降低，河流横断面形态变化较大，日气温变化剧烈，开封江时间有差异，常导致凌汛现象严峻和难以预测。同时松花江干流堤防工程极易受到冰凌、冻融、冻涨、腐蚀、冲刷等多因素耦合影响，使该防护工程服役期间的性能遭到破坏，因此探明松花江干流流凌演进的机理是必要而迫切的。由于冰凌自身运动规律的复杂性，对冰凌运动的数值计算及模拟是比较困难的，这增加了冰凌可视化模拟和分析的难度。充分利用现代信息技术发展的最新成果，有助于我们适应新形势的要求。深入开展流域可视化仿真技术的研究，细致分析在流域可视化建设过程中所需的关键技术，并攻克技术难关，可为数字流域的建设创造良好条件，同时为流域现代化管理打下坚实的基础。

本书主要介绍利用水动力学软件和流体力学软件建立数学模型，完成流凌演进数值模拟，采用地理信息系统(geographic information system，GIS)先进手段，实现数值计算结果的可视化，并综合现场模型实验和实验室模型实验结果，探明流凌体量和分布情况，预测冰坝或冰塞出现的位置和规模，开展更高防护性能的堤防新结构研究。提高松花江干流堤防的防护能力和耐久性能，为流凌的管控提供决策支持，为建设"绿色"和"环境友好型"堤防提供技术参考。

本书在课题组多年来关于水利工程研究基础上，特别是结合近年来关于季节性冰冻河流相关技术的研究成果，对松花江干流流凌演进机理及堤防防护技术做了较为深入完善的论述和探讨。全书共5章。第1章主要阐述了技术背景和意义，第2章主要介绍了相关技术领域目前的研究进展，第3、4、5章分别从流凌演进数值模拟与实验、流凌演进全视景仿真模拟、冰凌作用下堤防防护三个方面系统论述了松花江干流流凌演进机理及堤防防护技术。本书融理论性与实践性于一体，内容丰富、论证严谨、图文并茂、实用性强，可供各级水利工程设计、管理、建设单位和职能管理部门工作人员，特别是从业于季节性冰冻河流流凌及堤防防护技术研究人员阅读，也可供大专院校水利、环境、地质、力学等相关专业教师、研究生、高年级学生参考。

本书由耿贺松、李明伟、耿敬、李刚著。在成书过程中陈志远、郑天驹、王剑伦、王文龙、牛新宇、马世领、刘永超、张娜、徐前、朱睿、李琛、马松及薛蓉等同志在项目实例组织、资料整理、程序代码调试方面做了大量的工作，在此表示感谢。

本书研究成果得到了国家自然科学基金(51509056)、交通运输部信息化科技项目(2014364554050)、黑龙江省水利厅科技项目(SLKYG2015-923)；中国博士后科学基金特别资助(2016T90271)以及多个工程应用项目的资助支持，在此一并表示感谢。

由于作者水平有限，书中错误和疏漏在所难免，恳求各位专家、同行不吝赐教，也诚请广大读者提出宝贵意见。

著　者

2018 年 5 月

目　　录

第1章 概　述

1.1　背景及意义

松花江流域位于我国东北地区,由东至西长 920 km,由南至北长 1 070 km,位于东经 119°52′~132°31′、北纬 41°42′~51°38′之间,流域面积达 54.55×10⁴ km²。其干流沿岸灌区横跨两大平原——三江平原和松嫩平原,是我国重要的粮食和工业基地,也是水旱灾害频繁发生的地区。作为我国七大江河之一的松花江具有两个源头——北源嫩江和南源第二松花江,南北源头在三岔河口汇合,之后才被称为松花江干流。松花江干流自西南向东北分别流经肇源、肇东、哈尔滨、方正、木兰、通河、依兰、佳木斯、富锦等市、县和农场,流经同江市后汇入黑龙江,全长 939 km。

松花江干流属季节性封冻河流,其下游两岸平坦,每年的冰冻期常伴有凌汛现象发生,同时,沿岸城镇较多,凌洪常造成较大灾害。凌汛是冰排阻碍水流流动而引起的河流水位上涨的水文现象。1981 年春,依兰至富锦长度为 365 km 的松花江河段内出现冰坝 16 处,流凌堆积高度达 6~13 m,壅高水位 3~5 m,冰排上岸,其中佳木斯市附近江心柳树岛上 400 多人遭洪水和冰排围困,造船厂、发电厂受淹,受淹耕地多达 15 万亩(100 km²)。1994 年,松花江佳木斯江段发生特大冰坝凌汛,河道堵塞、河水出槽、冰块上岸,造成巨大损失。松花江干流堤防工程极易受到冰凌、冻融、冻涨、腐蚀、冲刷等多因素耦合影响,破坏该防护工程服役期间的性能。

本书考虑冰凌自身运动规律的复杂性,针对松花江干流凌演进问题,研究流凌产生、发展、运动、行为的全过程,揭示、掌握流凌运动规律,为松花江干流流凌灾害事件发生的时间、地点、范围和强度提供快速、准确、直观和有效的预报提供支持;本书结合 GIS 可视化技术,实现计算结果可视化模拟,使模拟和预测结果更形象、逼真;本书考虑冰荷载对堤防结构物的影响,开展更高防护性能的堤防新结构研究,从而提高松花江干流堤防的防护能力和耐久性能,为流凌的管控提供支持,为堤防建设提供参考。

1.2　主要论述内容

本书拟选取松花江干流堤防工程重要堤段、险工弱段、受流凌影响较大河段等典型堤防断面进行研究,针对流凌破坏及堤防防护问题,模拟流凌运动,获得流凌体量及分布特性,实现流凌演进的四维可视化模拟,预报冰坝和冰塞的发生,研究流凌与堤防工程在流固耦合作用下及堤防工程结构在流凌等多因素耦合作用下的破坏机理,为堤防工程的结构优化、材料选择、寿命分析等提供技术支撑,为堤防工程安全运行提供决策支持。

（1）流凌演进数值模拟与实验研究

第3章基于MIKE21水动力计算模块和粒子追踪模块，建立两者耦合的流凌演进数值模型；从机理上分析冰块的运动规律，获得流凌体量和分布情况，预测冰坝或冰塞出现的位置和规模，预报流凌对堤防工程结构物的破坏作用。

（2）流凌演进全视景仿真模拟技术

第4章研究多坐标系、多系统下的数字地形及水工建筑物耦合处理方法；建立MIKE21流凌演进数据"N维化"格式标准与处理方法；基于GIS系统二次开发技术，开展MIKE21流凌演进数据多维可视化技术研究；研究面向流凌演进的全视景融合建模方法；建立链接空间数据库和属性数据库的集成数据处理机制。

（3）冰凌作用下堤防防护技术

第5章基于流凌的演化规律，通过物理模型和数值模型试验，研究流凌的积压、撞击、拖曳、冰盖膨胀和水位升降变化对堤防结构的破坏，探明混凝土及金属材料在流凌、冻融、冻胀、腐蚀等多因素耦合作用下的破坏规律。

第 2 章　国内外研究现状

2.1　流凌演进研究国内外现状

作为高纬度地区严重自然灾害之一的冰问题,在过去的 40 多年中,引起了很多专家学者的关注。1970 年,国际水利研究协会(IAHR)冰工程研究委员会成立,并举办了第一届国际冰讨论会。流凌问题是涉及水力学、河流动力学、水文气象学、固体力学、热力学等众多学科的复杂问题,目前国内外学者主要的研究方法有原型观测、理论分析、物模实验和数值模拟,并取得了大量的研究成果。

(1)原型观测研究

原型观测是对河流流凌进行实地、实时的观察研究,实测所需数据,对比分析,得到相应的研究结论。原型观测有其局限性和困难度,一般观测条件较为复杂,且可以观测的数据较为简单,历时较长。例如,“武开江”是最易发生冰灾的自然现象,但是其发生年份不定,且间隔年份较长,观测详细的“武开江”数据较为困难。但是对河流流凌进行原型观测,可以获得较为准确的真实数据资料,以作为物模实验和数值模拟的率定数据。

国际上,Matousek 对 Ohio 河流冰进行了现场观测,通过观测分析得到了判别浮冰和水内冰形成的经验法则[1]。Lal 对 St. Anne 河进行了流冰观测,提出了计算岸冰增长的经验公式,认为影响岸冰增长的基本因素为水深、浮冰密度、河道形状、流速和局部热交换[2]。Svensson 对 Lulea 河进行了现场观测,并与岸冰二维数学模型研究结论对比,提出了岸冰形成的经验公式[3]。2010 年,Marko 在 Peace 河利用浅层水冰探测装置进行了河冰的现场观测。1982 年,Marko 对纳尔逊河、利雅得河、马更些河,2003 年 Jasek、Morse 对加拿大圣劳伦斯河进行了流冰的原型观测,得到了冰坝冰塞的特性[4-6]。

国内关于河冰的原型观测研究开始较早,技术领先。在 20 世纪 60 年代初,科研工作者就在甘肃刘家峡连续三年对黄河流冰现象进行了观测[7]。孙肇初等通过对黄河冰情的历年实测资料分析,探明了水内冰塞体积与水力条件的关系[8]。2008 年,许连臣、徐宝红通过原型观测分析,对产生冰凌输沙的原因和危害进行了探讨[9]。张志忠[10]对乌鲁木齐河,肖迪芳等[11]对嫩江,李辑等[12]对辽宁省河流进行了冰情和凌汛现场观测研究,对流域水文气象特性和冰坝特点及冰坝凌汛的成因进行了分析,并建立了冰坝凌汛奎水高度与影响因素的关系,为开江期冰坝凌汛预报提供了依据。陈宇[13]对巴州河,师清冶等[14]通过实测凌汛资料,对松花江凌汛成因进行了分析。

(2)理论分析研究

对河冰问题的理论分析研究一直也是国内外众多专家学者研究的主要内容之一。Browzin 提出了一种开河的理论模型,得到了开河水位的变化关系[15]。Alston 对冰塞前缘冰块下潜进行了详细的理论分析,给出了冰块的临界下潜形状[16]。2001—2016 年间,加拿大的 Beltaos 等对开河机理和河冰输运进行了大量理论研究[17-19]。理论研究方面最值得一提的是美国克拉克森大学的沈洪道教授,其相继建立了河冰输运的一维模型、二维模型、一维非恒定冰模型,并广泛应用在大型河流中[20]。

国内,李振喜、陈赞延和可素娟等提出了黄河下游的开河预报模型[21-22],1993年隋觉义等提出了水浸冰的临界条件[23]。1999年王军[24]通过数模模拟和实验研究,提出了冰启动临界公式。2008年和2009年清华大学茅泽育教授提出了著名的"武开河"准则,对"武开河"现象的判断给出了经验公式[7]。

（3）物模实验研究

由于流凌运动的复杂性和实际测量的困难性,对流凌研究的物模实验,一直被众多学者所钟爱。物模实验研究主要是在实验室进行,利用与冰属性相似的物质代替天然冰块,探求流凌演进相关物理量之间的关系。目前,对流凌的物模实验研究主要可以分为两类:①对流凌演进规律的研究,如流凌的漂流、输移、堵塞等。②流凌对水利工程结构物作用的研究,如流凌的作用力、撞击、挤压、摩擦等对水利工程结构物的作用[25]。1990年孙肇初利用石蜡在玻璃水槽内对冰块堆积演变进了实验,得到了水内冰塞的形成和演变机理[26]。王军[27]通过水槽试验,使用轻质泡沫模拟冰块,对平衡冰塞的形成与变化机理进行了实验研究,揭示了平衡冰塞厚度与冰流量及水流条件等因素间的相互关系,并分析了影响平衡时间的一些因素。尹运基[28]、史杰[29]对冰凌运动的流场进行研究。尹运基详细论述了冰盖的形成条件及形成过程,冰塞的形成机理及冰塞在空间发展的一般规律,分析了水流速度、冰流量、初始水深等因素与冰塞水位的定性或定量关系,并通过与直槽试验和天然河段的冰塞水位进行了对比。史杰比较了同水深情况下冰盖流和明流的输水能力,讨论了冰盖宽度对垂线流速分布的影响,并拟合得到了冰期输水能力方程。Michel和Abdelnour在实验室内水槽的实验,利用了石蜡替代天然冰[30]。Clark在马尼托巴大学水力研究与测试中心,通过实验研究了冰花絮凝和二次成核过程[31]。Calkins和Ashton在实验水槽内设置障碍物,采用平行六面体进行冰块模拟,得到了模拟冰块的卡塞条件[32-33]。河冰模型实验所采用的原料主要是聚乙烯、石蜡、胶合板、泡沫板等,与原型观测相比,存在尺度效应和各种条件过于理想化的缺点。

（4）数值模拟研究

近年来,随着计算机的快速发展,利用计算机对流凌演进物理过程的数值模拟研究得到了很大的发展。数值模拟研究较原型观测研究、物模实验研究等,具有周期短、速度快、经济投入少等优越性,同时可满足工程需求,在流凌演进研究领域越来越受到重视。目前,数值模拟研究主要分为两种:一是发展理论模型进行编程序;二是利用已有的商业软件计算。1985、1993、1995和1997年沈洪道使用一维模型、二维模型、一维非恒定冰模型,模拟了圣劳伦斯河的流凌和冰塞[20]。2003年Hopkins等通过研究建立了三维数字高程模型（digital elevation model,DEM）离散相河冰模型[34]。另外值得提出的是加拿大的研究人员提出的两个数值模型:加拿大水科院的Riv jam模型和阿尔伯塔大学的Ice jam模型。

国内对流凌演进数值模拟的研究主要有:合肥工业大学的王军教授的研究团队多次利用流体计算软件Fluent对冰塞进行模拟,得到了冰坝冰塞的特性以及理想状态下流凌运动的一般规律[35],并通过人工智能和神经网络等方法预测了冰坝冰塞的发生;清华大学的吴剑疆等出版了书籍《江河流凌数学模型研究》,对冰塞数值模拟进行了系统的介绍,描述了国内外冰塞形成演变机理,冰塞形成以及演变的动态数值模拟,介绍了水内冰形成演变的垂向二维紊流数值模型。另外还有吴辉碇[36]、阮雪景和天津大学的陆卫卫[25]等对流冰进行了数值模拟研究工作,并取得了很多的研究成果,对流凌演进的数值模拟起到了推进作用。

通过对国内外研究文献的分析,了解到流凌问题的研究对象主要分为冰坝冰塞的研究和流凌运动特性的研究,对松花江流凌演进规律的研究较为少见,本书通过数值模拟和实验的方法,对流凌演进规律进行研究,得到松花江干流特定江段的流凌运动规律、分布和堆积情况。

2.2　三维可视化技术研究现状

可视化技术是一种利用计算机图形和图像处理技术,将在科学实验过程中产生的人眼无法直接观察到的一维数据转换为人容易接受的二维和三维视觉信息并在屏幕上进行显示的计算方法[37]。根据科学数据的来源和类型不同,可视化技术可分为科学计算可视化技术和数据信息空间信息可视化技术。科学计算可视化技术运用计算机图形和图像处理技术将实验过程中的科学数据转换为直观的、人容易接受的视觉信息,实现计算过程和计算结果的可视化。数据信息空间信息可视化技术运用计算机图形图像处理技术,将复杂的科学现象和自然景观等抽象概念图形化,实现自然景观等抽象概念的可视化。三维可视化属于空间信息可视化,也就是实现科学现象三维空间信息的可视化。

1987 年 2 月,可视化技术于美国国家科学基金会(National Science Foundation,NSF)召开的一个专题研讨会上被首次提出,并逐步发展成集地理数据收集、计算机数据处理和决策分析为一体的综合处理技术。国外在可视化技术应用方面陆续开发出一些商用可视化系统,如美国 3D Realms 等公司开发的 Unreal 系统[38],丹麦 DHI 研究所研制的 MIKE 系统[39],荷兰 Deltf Hydraulics 研究所开发的 Deltf - 3D 系统[40]。美国 IBM 与 Beacon 研究院合作完成纽约哈得逊河可视化系统,实现了对哈得逊河的监控和动态模拟[41];IBM 开发了荷兰海堤智慧系统,利用可视化技术实现了洪水的监控与动态模拟。世界上其他国家对可视化技术也展开了一定程度的研究,在爱尔兰海洋研究所与 IBM 的联合帮助下,爱尔兰政府于 2008 年开发名为 SmartBay 的可视化信息系统,该系统可用于监控高威海湾的污染情况。SmartBay 试验项目的完成,为监测水资源状况提供了许多可能性[42]。

国内对三维可视化技术也展开了广泛研究,清华大学、浙江大学、郑州大学、华中科技大学、兰州大学、天津大学等许多大学都在可视化技术方面取得了重大进步,获得了重要成果。清华大学王光谦院士致力于"数字黄河"的研究,提出了黄河数字流域模型原理,为"数字黄河"及"可视化黄河"的建设提供了技术支持[43-46]。清华大学还曾开发了"数字都江堰"的三维可视化平台[44]。浙江大学的刘仁义基于 GIS 结合三维可视化技术对浙江省流域内洪水进行动态模拟[47-48]。郑州大学进行了洪水演进可视化平台的研究[49]。华中科技大学张勇传院士致力于"数字清江"的研究,建立了清江流域水文水情与洪水演进仿真系统,为数字化流域建设提供数据支撑[50-51]。兰州大学进行了黑河流域地形三维可视化技术研究[52]。天津大学钟登华院士致力于地质三维模型可视化的研究,提出了基于三维统一模型的水利水电工程地质三维可视化分析方法[53],建立了水利水电工程三维模型地质信息的可视化管理与查询系统,并将其应用在锦屏一级、溪洛渡、糯扎渡和龙滩等大型水电工程设计和建设中[54-55]。

2.3 系统仿真技术研究现状

由于计算机技术的发展,二十世纪四十年代开始,系统仿真逐渐形成系统、完整的理论和技术[56],是指基于计算机技术,运行相关硬件设施,对已有或者设计成型的物体、系统进行仿真,利用相关已有技术、资料等分析模拟结果,得到辅助决策的结论的实验性技术。其目的是,通过面向对象的系统仿真,经过分析总结,呈现仿真对象的结构、组成、运行方式等基本特性,探寻仿真对象的优化方式、实现仿真对象设计或运行的优化[57]。

根据仿真方式的不同,可将系统仿真技术发展过程分成模拟计算机仿真、数字/模拟混合计算机仿真和全数字计算机仿真三个阶段[58],对应的时间分别为二十世纪四十年代到六十年代、二十世纪五十年代到七十年代和二十世纪六十年代以后[59]。在最现代化全数字计算机仿真的发展中又有着明显的区别:二十世纪六十年代到八十年代主要是利用仿真语言研究仿真实验,但是由于仿真语言发展得不完善,会出现人机互动低、数据管理混乱,导致仿真效率低[60];二十世纪八九十年代,由于计算机技术的高速发展,数据库和图像处理等技术被应用于系统仿真中,通过完整的仿真框架,实现仿真对象、系统和环境的融合仿真,提升了系统仿真的体系性和效率[61]。随着仿真学、计算机等技术或学科的发展,系统仿真技术研究范围不断扩大和深入,主要包括面向对象仿真(object – oriented simulation)、可视化仿真(visual simulation)、虚拟现实(virtual reality)、分布式交互仿真(distributed interactive simulation)、多媒体仿真(multimedia simulation)、智能仿真(intelligent simulation)等领域[62]。

Halpin 是研究系统仿真技术应用于实际工程的先驱,提出了循环网络技术,用于获得最有施工资源配置方式,并研发了 CYCLONE 系统[63];Moavenzadeh 等开发了 TCM 系统,实现隧道工程经济成本预测[64];Clemmins 和 Willenbrock 等开发了 SCRAPESIM 系统,实现了土方工程模拟[65]。此后,随着 SIREN[66]、DISCO[67] 等技术的提出,仿真技术的工程应用实现井喷式发展。Zeigler[68]、Hu[69]、Abourizk 和 Mather[70] 等人为系统仿真建模技术做出了很大贡献,实现层次化模块建模,简化了建模过程,提高了建模效率。

天津大学钟登华团队对系统仿真在国内的发展做了很大贡献,通过可视化仿真技术,实现航电枢纽施工过程仿真,并应于众多方面[71-73]。

目前,国内外对冰冻河流流凌演进堤防防护三维可视化方面的研究非常少。针对堤防三维建模技术及流凌演进三维可视化技术在冰冻河流可视化仿真方面的不足,本书对松花江干流堤防工程三维建模技术及流凌可视化技术展开研究,建立了一种面向冰冻河流的三维可视化仿真方法。

2.4 堤防护岸结构研究现状

所谓护岸,是在原有的河道岸坡上采取人工加固的措施,例如用块石或砼铺砌以防御波浪、水流的侵袭和淘刷,从而保护河岸、维持岸线稳定的建筑物。传统的内河航道护岸结构一般采用直立式或斜坡式护岸结构,大多为刚性结构,材料多为水泥、混凝土、块石等硬性建材。

2003 年,江苏省泰州市航道管理处提出了新型桩基斜坡式护岸结构,即利用桩基做基础,桩间插板以达到挡土固土的目的。该结构具有以下特点:作为轻型护岸结构,结构简单清晰,可通过工厂预制板桩生产,无须开挖基础土方,解决了施工复杂的技术问题,同时节省了施工用料和占地面积;缩短了施工周期,避免了因季节交替而带来的水位影响;施工期基本不影响船舶的正常通航,并且由于节省了材料而大大降低了施工造价。目前,该桩基斜坡式护岸结构被应用于泰州市建口线南官河段西岸。

2000 年,浙江省嘉兴市通过对现有护岸断面结构的分析和优化,提出的挡板式护岸结构在杭嘉湖地区的应用中取得了非常可观的效益,并开始广泛推广。挡板式护岸结构的基础由钢筋砼、挡板和底板组成,钢筋砼垂直挡板和底板,上方通过浇筑浆砌石直立墙抵挡侧向土压力。浆砌石直立墙结构稳定,不仅抵挡了侧向土压力,而且避免了传统斜坡式护岸结构因下部水流淘刷,填土流失而造成的坍塌失稳,同时该护岸结构由于挡板和带齿底板相互咬合,能够有效提高护岸结构的抗滑稳定性。目前,挡板式护岸结构已成功应用在杭嘉湖及附近地区中小型护岸工程中,如太浦河护岸工程浙江段 16.9 km 采用挡板式护岸,1993 年由嘉善县水利工程队完成,目前为止没有明显的冲刷问题出现;桐乡市南排工程中已经建好的挡板式护岸工程运行状况良好,运行多年未见护岸结构回冲刷、坍塌失稳等损坏,同时该护岸结构在承受了超过 2 t 的地面荷载作用下也没有出现明显损坏迹象;青浦县拦路港河岸长 500 m,在水利部太湖流域管理局、上海市水务局、水利部上海勘测设计研究院、上海青浦县水利局、清华大学土木工程系,以及浙江钱塘江水利建筑工程有限公司共同组建的课题组的带领下,为深入研究挡板式护岸结构中短期实验观测及量测实际侧向土压力等建造了挡板式护岸结构,经过 3 个月的实验观测发现,所有观测点的最大水平累计位移和最大累计沉降量均在规范要求范围内,证明了挡板式护岸结构的安全性和可靠性。

2014 年,长江航道规划设计研究院结合了长江中游藕池口水道航道整治工程的建设条件和河段特点,于国内首次提出了斜坡 – 直立混合式护岸结构。长江干线航道全长2 838 km,上起云南水富港,下至长江入海口,是连接中国东、中、西部的运输大动脉。其采用上部直立式、下部斜坡式组合结构,上部岸坡陡坡部位采用阶梯式的 3 层高度均为 1 m 的钢丝网石笼堆砌而成的挡土墙,下部斜坡式结构采用 1:3 的比例,并铺 400 g/m² 无纺布一层。该结构打破传统护岸结构的约束,把直立式护岸结构和斜坡式护岸结构的优点有机结合在一起,既保证了岸坡在受冲刷状态下结构的整体稳定性,又避免了对岸坡的大量开挖而破坏当地生态环境。目前该护岸结构已在长江中游藕池口水道航道整治一期工程中成功运行,且经过了数次洪水考验之后并无结构坍塌失稳或破坏的迹象。

美国的得克萨斯州科博斯克里斯提航道,因船行波淘刷严重,使岸坡不断崩塌,最后选用了混凝土连锁护面块结构。混凝土连锁护面块一般用于岸坡的防护,尤其是多用于水位变动的区域,如岸坡内侧马道附近。所谓连锁块,即由预制的块体并排嵌套契合而组成,块与块之间相互搭接,与干砌块石相近。单块的体积、质量都较小,以便手工操作,能够适应岸坡的变形,而且块体与块体之间可以种植植物,利于保护生态环境。

在南威尔士的布雷克诺克郡和蒙默思郡运河 200 m 的岸线上,为了阻止运河岸坡的侵蚀,并创建一道自然的水边风景带,环境友好型的椰子纤维卷护岸技术得到了采用。这种椰子纤维卷采用椰子的外皮制成,并且在里面种上生命力很强的当地植物,然后用剑麻把椰子纤维卷系紧在栗子树木桩上,离开正在流失的岸边一段距离,最后在椰子纤维卷和马道之间填上从该段运河中挖出的淤泥,形成了一道新的河岸。接着要在淤泥里种上当地的植物,一旦新的河岸形成后,运河边上的马道就要拓宽并用石头重新铺面。这种护岸技术具有很好的生态效益,可以为运河的各种野生动植物提供栖息地。另外,除了偶尔的补种以外,这种护岸基本不需要进行维护,而且椰子纤维卷和栗子树木桩最后都会降解掉。在英国最繁忙的兰戈伦运河航道上,也采用过椰子纤维卷的护岸技术。

越南的广义省是一个滨海城市,当地的年降雨量相当大,运河岸坡侵蚀现象相当严重。当地曾经采用刚性护岸结构,但并不成功,因为岸坡属于沙性土而且水流流速太大。最后通过实验测试了香根草护岸的可能性。通过2个月的时间,在9个实验点的实验证明,香根草完全适合当地的水流情况。香根草起源于印度,作为世界公认的能够防治土壤侵蚀、提高斜坡稳定性的理想植物,长势挺立、茎秆坚硬,且根茎长势甚猛,呈网状交错,深深扎入土地深处,在土层内形成一排排抗滑的生物桩,不仅加强了土体抗剪强度,固结了土壤,而且能够防止浅层滑坡。香根草护岸技术与混凝土护岸技术相比的一个最大的优点就是可以大幅度地节省工程造价并且减少护岸的长期维护工作。

2.5　堤防工程的主要破坏类型

一般来讲,堤防堤基的表土层极少是砂砾层,堤基的渗透破坏一般为土力学中的流土破坏。产生的原因是,随着汛期水位的升高,背水侧堤基的渗透出逸比降增大,一旦超过堤基的抗渗临界比降就会产生渗透破坏。在背水侧地下水位(或水头)较高的情况下,持续高水位时堤坡必然会出现渗水。对于季节性冰冻河流,堤防工程的主要破坏类型有4种。

(1)管涌

堤防背水坡及堤脚附近出现横贯堤身的流水孔洞称为漏水洞。由于漏水洞中的集中水流对土体的冲刷力很强,因此对堤防的危害性极大,这也就是俗称的管涌,其土力学定义为:坝身或坝基内的土壤颗粒被渗流带走的现象。发生的原因可概括为:①堤身质量差,土料含砂量高,有机质多;②有生物洞穴或其他易腐烂的物料;③其他隐患,如旧涵洞、坑窖、棺木等。即使漏水洞没有贯穿堤身,也将大大缩短渗径,从而加大了出口渗透比降,增加了渗透破坏的可能性,同时漏水洞中的集中水流还将造成对土体的水流冲刷,使漏水洞长度加长,直径变大,最终贯穿堤身,导致堤防溃决。因此,对堤身漏水洞隐患必须进行除险加固。

(2)流土

在实际工作中多将堤防本身土质流失的现象统称为流土,其实际应该称为堤坡冲刷。堤坡冲刷是由背水堤坡渗水所致。一种是堤坡的出逸比降大于允许比降而产生的渗透破坏,也就是土力学定义下的流土现象;另一种是渗水集中后造成对坡面的水流冲刷。

这种破坏的原因是渗流逸出点过高,主要原因有:堤身断面宽度不够,堤坡偏陡;堤身尤其是后加高的堤身透水性强,或填筑层面明显,导致堤身的水平向渗透系数偏大;新老堤身、堤段施工接头处存在薄弱结合面,如清基不彻底或根本未清基,堤段结合部压实不密等;雨水灌入堤身裂缝;堤身存在其他隐患,如洞穴、冻土块等。

(3)堤身接触冲刷

当堤身发生集中渗流且冲刷力大于土体的抗渗强度时,在集中渗流处就会产生接触冲刷破坏。造成堤身集中渗流的主要原因有:穿堤建筑物与堤身间出现裂缝;新老堤身结合面未清基或清基不彻底;堤防分段建设的结合部填筑密度低等。由于接触冲刷的发展速度往往较快,因此对堤防的威胁很大。

（4）冰凌破坏

冰凌破坏是高寒地区江河水流在春季解冰流凌期所出现的一种独特的自然现象,它对水下建筑物的破坏是在隐蔽中进行的。目前从黑龙江中游、嫩江上游、呼玛河、逊比拉河中上游,以及沾河下游所了解到的冰凌漂砾运动形态,冰凌漂砾的类型初步可分为三种:固定型、移动型和条件型。

第3章 流凌演进数值模拟与实验研究

3.1 流凌演进原型实验

物模实验是流凌演进研究的重要手段,但是存在比尺效应等问题。针对松花江干流汤原县－佳木斯市典型江段流凌演进问题,进行原型实验研究,采用1:1厚度比例设计冰模型,模拟自然状况下的流冰,开展多种工况下的流凌演进实验和流凌撞击实验,为数值模拟提供边界条件和率定数据。

3.1.1 原型实验简介

松花江在冬季的封江期和春季的开江期都有可能发生凌汛,松花江干流堤防工程极易受到冰凌、冻融、冻涨、腐蚀、冲刷等多种因素耦合破坏,从而影响堤防防护工程服役期间的性能,探明松花江干流流凌演进机理是必要而迫切的。对于流凌演进的实验除了原型观测,最多的是在实验室进行的物模实验。物模实验的研究内容主要分为两种:一是研究冰的运动规律,如冰解冻后的漂移、分布和堵塞情况;二是研究冰对结构的作用和破坏情况。实验室中冰的模型材料主要有泡沫、蜡、塑料等材料,物模实验是按一定的比尺进行,与真实现象相比存在尺寸效应等问题。为使实验结果更接近自然状况下真实流凌运动,实验中选取松花江堤防施工处典型江段进行流凌演进原型实验研究。

1. 实验目的和任务

①测量松花江干流研究江段流场要素,分析流场要素对流凌演进的影响;

②测量冰模型运动轨迹,研究冰块在水动力、地形、风等作用下的运动规律;

③观察冰模型撞岸现象,分析堤防工程可能受到破坏的位置和类型;

④提取实验数据,为流凌演进数值模拟提供边界条件和率定数据。

2. 实验江段确定

河道地形条件和河流走向是影响凌汛大小的主要因素之一,松花江干流在汤原县－佳木斯市段河势变化较大,历年都有冰坝出现或冰排上岸现象,使胜利乡一侧堤防破坏严重,该江段地理位置如图3－1所示。该段江面平均宽度1 km,最大深度6～7 m,平均流速1.8 m/s,由于江心岛的存在,江水主流自入口断面下游1 km左右被分成两股,北岸主流较大,且存在两次折冲现象。该江段上游江面开阔,春季来冰量较大,因此极易产生凌汛。根据实地调研,2016年9月该段江岸进行堤防建设,堤防建设情况如图3－2所示,2017年实验江段开江现象如图3－3所示。本次原型实验选择松花江干流汤原县－佳木斯市段的部分江段进行研究。

图 3 - 1　实验江段示意图

图 3 - 2　实验江段堤防施工情况　　　图 3 - 3　实验江段开江现象(2017 年)

3.1.2　原型实验方案设计

1. 主要实验设备

本次实验的主要设备为测量船、RTK T300 测量仪、风速仪和罗盘仪。实验设备一览表如表 3 - 1 所示。

表 3 - 1　实验设备一览表

序　号	名　　称	数　　量
1	测量船	3 艘
2	RTK T300 测量仪	6 台
3	风速仪	1 部
4	罗盘仪	1 台
5	标杆	若干
6	钢尺、钢丝绳、钢钩子等	若干

(1)RTK T300 测量仪

①仪器介绍。

在本次实验中,需要实时地测量冰模型的坐标位置。GPS 卫星定位测量技术在实时测量定位中具有非常重要的地位。静态、动态、快速静态等传统的全球定位系统(global positioning system,GPS)测量方法,其厘米级精度均为测量后进行计算得到,基于实时动态差分法的实时动态(real – time kinematic,RTK)测量系统由基准站和移动站组成,信息传输采用无线电通信,保证了数据的实时传输和精度。

如图 3 – 4 所示,RTK 测量系统的基准站由测量主机、无线电台、控制手簿、放大器和天线等组成;RTK 测量系统的移动站由测量主机、控制手簿、天线等组成。测量中的载波相位观测值、伪距观测值、基准站坐标等实时信息通过无线电信号由基准站传递给移动站,接收到卫星和基准站信息的移动站,进行实时差分处理载波相位观测值,即可得到基准站和移动站两者的坐标差 ΔX、ΔY、ΔZ,基准站坐标加其差值即可得到移动站实时坐标,通过坐标转化参数即可得到移动站某一坐标系下的实时动态三维坐标。RTK 数据处理采用两站之间的差分组合载波相位的一种单基线处理过程,以未知的随机参数(移动站动态坐标)和未知的非随机参数(载波相位的整周模糊度)进行求解,计算精度最小可为 1 ~ 2 cm,当前位置坐标可给到毫米级别。

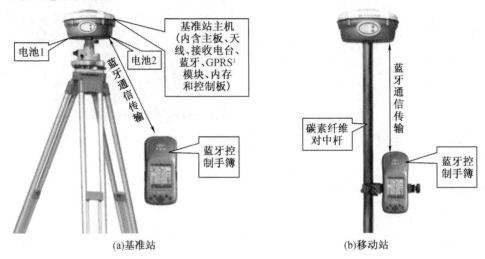

(a)基准站　　　　　　　　　(b)移动站

图 3 – 4　RTK 基准站和移动站示意图

1—GPRS,即通用天线分组业务(general packet radio service)

RTK 测量系统具有以下优点:

a.测量区域较广,以现场需求设置控制网,不需要联测过渡点,并对加密级别进行了简化;

b.测量的精度足够高,可以根据需要设置不同的测量精度,测量精度越高,需要的网络越好;

c.测量的自动化程度高,可以通过控制手簿进行数据采集和控制主机,不需要定时操作主机;

d.可以采用移动或联通手机卡进行网络设置,也可以通过自带外部电台进行网络设置,快捷方便。

②仪器操作步骤。

基准站操作步骤如下。

a.在选定的某一点架设三脚架,该点的坐标是未知的,大致整平基准站。本次实验基准站、罗盘仪和风速仪都架设在岸边开阔的高地位置,高于江道水平面5~6 m,在整个实验过程中,基准站位置不变。基准站架设如图3-5所示。

b.连接电源和天线。电源的正负以颜色(红正黑负)表示,基准站供电可以外接电源,也可利用基准站的自带电池。本次实验利用基准站自带的两块电池工作,实际供电时间5~6 h,模型从上游运动到下游最长时间不超过4 h,电池电量满足要求。

c.打开主机和电台,电台和主机示意图如图3-6所示。当搜索的卫星数量和信号强度满足要求后,主机的DATA指示灯会快闪,同时电台的TX指示灯开始1次/秒快闪,基准站开始发射差分信号。为保证搜索卫星的数量及顺畅地传播差分信号,基准站一般需架设在四周开阔且地势高的位置,尽量避开位于15°高度角以内的大型建筑物。除利用基准站自带电台外,还可以利用移动手机卡进行网络设置。本次实验利用移动手机卡,把移动手机卡装在主机和移动站的自带卡槽内。

图3-5 基准站架设

图3-6 电台和主机示意图

移动站操作步骤如下。

a.在碳纤材料的对中杆上架设移动站,连接天线,根据需要控制手簿可在移动站附近布置。本次实验测量移动冰模型的坐标,因此把移动站主机包裹塑料薄膜固定在模型上部,如图3-7所示。移动站利用移动手机卡进行网络设置,因此主机不需要外接天线。控制手簿和移动站主机之间通过蓝牙传输信号,控制手簿不能距模型太远。本次测量控制手簿设置好后,裹上塑料薄膜,利用托架固定在模型上部,确保在测量船引起的水动力不影响模型运动的前提下,跟踪模型的运动,随时处理模型的异常状况。

b.移动站主机打开后,会自动初始化并搜索卫星信号,达到要求后,主机DATA指示灯快闪,RX指示灯1次/秒快闪,此时主机接收到基准站差分信号,开始正常工作。

c.利用控制手簿对移动站主机参数进行设置。在控制手簿中打开CGSurvey软件,通过蓝牙与主机进行连接。连接后CGSurvey将移动站自动匹配基准站发射通道,通过CGSurvey主界面左上角的信号符号是否闪动,判断是否匹配成功。控制手簿调试如图3-8所示。

d.在移动站接收到基准站差分信号,并与控制手簿连接成功后,进行测量参数信息设置,包括:工程名、椭球系、投影参数、坐标转化四参数、坐标转换七参数和高程拟合参数。

e.在控制手簿显示固定解的前提下,开始移动冰模型坐标的测量。测量过程中,每测量一个点坐标,控制手簿会发出"滴"的一声提示音。本次实验,测量船跟踪模型运行,时刻注意控制手簿每2 s发出"滴"声,若长时间听不到声音,需要取下仪器,重新调试。测量结束后,导出测量数据。

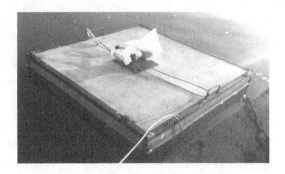

图 3-7　移动站和控制手簿固定

图 3-8　控制手簿调试

（2）风速仪和罗盘仪

本次实验采用手持风速仪测量风速,利用罗盘仪进行风向测量。风速测量采用标智 GM816 风速仪,测量范围为 0.3~30 m/s,测量误差为 ±5%,分辨率为 0.1 m/s,可以进行最大风速和平均风速的测量,同时可以进行温度测量。罗盘仪测量时根据风速仪的飘带飘向,采用肉眼读数的方式进行风向测量,精确到度。风速仪和罗盘仪如图 3-9 所示。

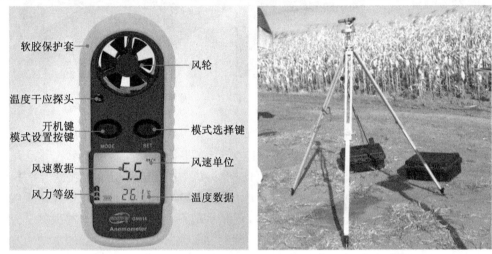

图 3-9　风速仪和罗盘仪

2. 冰模型设计

（1）冰模型设计

本次原型实验主要研究流凌在水动力、风、江道地形等因素作用下的演进规律,同时模拟冰排与堤防相互作用的位置和形式,对冰内部的受力情况和冰块的消长不考虑,因此采用木箱作为冰模型。为使冰模型的平均密度与同体积的真实冰块相同,真实模拟冰块运动,同时方便模型的加工和运输,通过在木箱内部放置泡沫和配重铁块来调整模型的重心和平均密度。为避免模型在运动过程中,内部水体出现液仓晃动现象(液仓晃动会使模型在运动过程中,质量和重心发生不断改变,影响其运动轨迹),在模型四周和底部打一系列进水孔。由于大面积的冰块在运动过程中很少发生翻滚现象,在模型底部焊接配重铁块,一方面为了调节模型质量,另一方面使模型的整体重心降低,排除模型在运动过程中随波翻滚的现象。

分析调研资料可知,流冰平均厚度为 0.8~1.0 m,流冰面积大小不一,十几、二十几平方米的冰块在"武开江"时经常可见。对于大型冰块,采用原尺寸 1:1 设计是很困难的,且模型质量较大,实验很难完成。考虑到模型制作和现场操作的可能性,模型采用正六面体和三棱柱,厚度上采用真实尺寸设计,模型厚度均为 0.8 m;上表面为正三角形和正方形两种,面积分别为 1 m²、2 m²,如图 3-10 所示。模型四周设置连接直角铁,对于更大面积的模型,采用小模型现场拼接完成,如图 3-11 所示。

图 3-10　冰模型

图 3-11　冰模型拼接

（2）冰模型骨架设计

①冰模型骨架方案对比。

考虑模型加工的方便和干模型的质量尽量小,设计方案采用截面尺寸 0.04 m × 0.03 m 的方木作为模型骨架,上下四周采用 0.008 m 厚的薄模板进行密封,如图 3-12 所示。骨架采用铁钉固定,薄板采用燕尾钉固定,模型上下面四角采用直角铁进行强度加强,泡沫粘贴到模型内部上表面。

图 3-12　木骨架模型

制作一个尺寸为 0.6 m×0.6 m×0.6 m 的木骨架模型,在实验水槽中进行强度测试。模型在水流和波浪的冲击下,强度足够,在模型运输和下水过程中,模型骨架很容易折断,同时模型仅配重铁块就需要 30 kg,加上模型本身质量,很难运输和实验操作,尺寸变大时,模型干重会更大。

多次在实验室水槽中和松花江上进行测试(图 3-13),观察模型设计结构和配重方法是否合理,通过多次调整发现,四周板的厚度和配重材料类型对模型配重质量影响较大,为方便制作和实验操作,最终确定了一种在波浪中稳定、结构合理、强度适中、方便实验操作的冰模型,模型在运动过程中未出现随浪翻滚和重心偏离等现象。

图 3-13　在实验室水槽中和松花江上进行冰模型强度测试

②冰模型骨架方案确定。

最终确定冰模型骨架方案为:采用角铁作为模型骨架,利用焊接进行固定;模型四周采用厚度为 0.003 m 的薄木板,上下两个面采用实际厚度为 0.012 m 的厚木板密封,木板采用燕尾钉进行固定,如图 3-14 所示。在满足强度的要求下,减小了干模型质量。

图 3-14　铁骨架冰模型

(3)冰模型平均密度调配

为使冰模型平均密度与同体积真实冰块相同,确定模型配重方案为:在模型内上部无缝粘贴厚度为 0.1 m 的泡沫,增加模型的浮力,如图 3-15 所示。

粘贴好泡沫后,把模型倒置,使泡沫胶凝固。下部焊接配重铁块,使模型的重心降低,保证厚度 0.8 m、面积 1 m² 的冰模型不会在运动过程中出现翻滚现象。其中配重铁块的焊接方式有两种:一种是配重铁块焊接在模型内部;一种是配重铁块焊接在模型外部。配重铁块在内部或外部两种情况下,所需的质量不同。为保证模型加工的方便性,本次实验采用在模型外部焊接铁块的方式。

图 3 – 15　冰模型配重

配重计算公式如下：

$$\begin{cases} G_{冰} = G_{铁} + G_{水} + G_{干重} \\ G_{水} = (V_{干重} - V_{骨架} - V_{泡沫} - V_{薄板} - V_{厚板}) \times \rho_{水} \end{cases} \tag{3-1}$$

解得

$$G_{铁} = G_{冰} - G_{干重} - (V_{箱} - V_{泡沫} - V_{骨架} - V_{薄板} - V_{厚板}) \times \rho_{水} \tag{3-2}$$

式中　$G_{冰}$——相同体积冰的总质量，冰的密度取 0.9×10^3 kg/m³；

　　　$G_{干重}$——模型未配重前的干质量，采用精密电子秤称量；

　　　$V_{干重}$——模型的总体积；

　　　$V_{骨架}$——角铁骨架的体积，骨架体积 = 质量/铁密度，铁密度取 7.85×10^3 kg/m³；

　　　$\rho_{水}$——水的密度，取 1.0×10^3 kg/m³。

计算配重铁块的体积，设计配重铁块的大小。冰模型配重参数如表 3 – 2 所示。冰模型的干重密度均小于水的密度，模型可以漂浮。

表 3 – 2　冰模型配重参数表

模型类型	上表面面积 /m²	模型干重 /kg	配重铁重 /kg	模型总重 /kg	模型干重密度 /(10³ kg/m³)
正六面体	1	27.2	21.9	49.1	0.374
	2	44.0	48.7	92.7	0.361
三棱柱	1	29.6	25.2	54.8	0.400
	2	42.2	48.0	90.2	0.383

(4)冰模型制作

考虑到不同流凌形状对流凌演进规律的影响，采用上述模型设计方案，制作 4 类共 10 个冰模型，如表 3 – 3 所示。其中 4 个上表面面积为 1 m² 的正方体模型可组成 1 个上表面面积为 4 m² 的长方体模型；2 个上表面面积为 1 m² 的正方体模型可组成 1 个上表面面积为 2 m² 的长方体模型；4 个上表面面积为 1 m² 的三棱柱模型可组成 1 个上表面面积为 4 m² 的三棱柱模型。

表 3 - 3　冰模型加工信息表

模型类型	上表面形状	上表面面积/m^2	厚度/m	数量/个
正六面体	正方形	1	0.8	4
		2	0.8	2
三棱柱	正三角形	1	0.8	4
		2	0.8	2

3.实验方案和步骤

(1)实验断面确定

实验断面坐标如表 3 -4 所示。

表 3 - 4　实验断面坐标

断　　面	坐标/m	
入口断面	43 578 600	5 183 001
	43 578 726	5 182 298
出口断面 1	43 581 500	5 180 200
	43 582 300	5 180 800
出口断面 2	43 584 708	5 181 480
	43 585 654	5 181 060

原型实验在佳木斯市汤原县伏安村附近建立首断面,在阁家通建立尾断面,全程长度约 9 km,该实验段有较大转弯——敖其堤。建立首尾断面标识、调试 RTK、打桩、测定桩顶平面位置和高程、标出上下游断面位置。在实验江段设置 1 个入口断面,2 个出口断面如图3 - 16 所示,实验场地情况如图 3 - 17 所示。

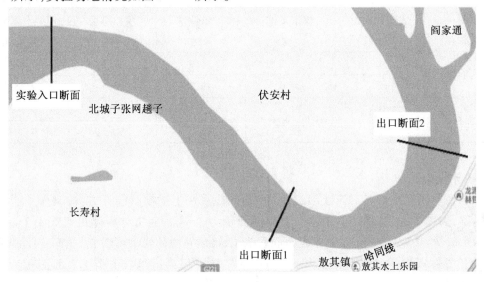

图 3 - 16　实验江段入口、出口断面示意图

图 3 - 17　江岸实验场地

（2）实验参数设置

为保证测量中通信信号的稳定,基站设在伏安村附近江边开阔的高地,如图 3 - 18 所示。基站坐标以 RTK 卫星定位为准,并利用堤防建设已有水准点和平面点对基站坐标进行校核。RTK 基准站架设在基站上,当地中央子午线取 129°,实验涉及的高程和平面位置均以此为准。

RTK 仪器固定在模型上部,每隔 2 s 测量 1 次模型坐标并存储。模型下水,待内部进水完毕之后,释放模型。在不影响模型运动的情况下,利用实验船跟踪、观测模型随水流运动情况,待模型越过下游断面后,取下仪器,把模型拉入船中。模型运动过程中,同时测量当地风速和风偏角。

图 3 - 18　基准站和罗盘仪架设

（3）冰模型入水

如图 3 - 19 所示,在上游断面投放冰模型,根据前次测得的运动轨迹,不断调整投放位置。水面定点采用 RTK 测量仪进行放样。本次实验江段主流在转弯前靠近北岸,且北岸为堤防在建段,南岸有较大河漫滩,水位较浅,因此冰模型多次在北岸投放。

每次投放 3 个模型,每个模型采用 1 条实验船追踪,并进行模型撞岸实验,测量两岸江道地形。本次原型实验完整轨迹线最长延伸过敖其弯,至下游采沙场（出口断面 2）,最短也超过了堤防建设段（出口断面 1）;轨迹线在入口断面分布较为均匀,北岸偏多;利用相邻两点的平面坐标和采样时间间隔,可以方便地计算出模型速度的大小和方向。

图 3 - 19　冰模型入水和跟踪

3.1.3　原型实验结果及分析

1. 实验数据校正

（1）实验数据校正原理

RTK 测量提供的是 WGS84 大地坐标,在大多数实际工程中意义不大,需要将 RTK 观测的 WGS84 坐标系转换为当地平面坐标系,数据校正就是将 RTK 测量出来的 WGS84 坐标转换成当地平面直角坐标系或者工程施工坐标系。数据校正可以采用高斯投影的方法进行转换,需要确定两坐标系之间的转换参数（四参数或七参数）,定义三维空间直角坐标系的偏移量和旋转角度来确定尺度差。当测量区域面积不大时,一般采用已知控制点求解"区域性"转换参数,控制点条件如下:

①控制点数量应足够多。只进行平面校正时不少于 2 个;进行空间校正时,不少于 3 个;对于较为复杂的地形地貌,为保证拟合的精度,需要的数量也较多。

②控制范围应包括整个测量区域,且分布合理,控制点间距一般为 3 ~ 5 km。

③每个控制点应同时具有 WGS84 坐标系下大地坐标 BLH 和地方坐标 XYZ,且精度达到需求。

（2）实验数据校正步骤

①校正控制点确定。

本次实验数据校正采用 3 个附近已知的施工控制点进行,将测量坐标系下的数据转换为当地施工坐标系,控制点坐标如表 3 - 5 所示。

表 3 - 5　控制点坐标

序　号	测量坐标/m			施工坐标/m		
	X 坐标	Y 坐标	高程	X 坐标	Y 坐标	高程
1	582 234.38	5 181 417.99	- 5.01	43 582 150.5	5 181 374.0	85.59
2	581 855.38	5 181 540.94	- 5.14	43 578 298.2	5 183 198.0	86.27
3	578 381.75	5 183 242.20	- 4.41	43 581 771.4	5 181 497.0	85.40

②数据校正步骤。

a. 打开 RTK 手簿,选择需要校正的测量任务,点击编辑—点,如图 3 - 20（a）所示;输入控制点施工坐标系下的坐标,如图 3 - 20（b）所示。

b. 点击编辑—点编辑,选择添加的控制点和其对应的测量点,校正方法选择水平和垂直,如图 3 – 20(c)所示。

c. 控制点全部输入完成后,点击确定,如图 3 – 20(d)所示,即完成该任务的数据校正,导出测量数据。

d. 点击文件—当前坐标参数,如图 3 – 20(e)所示,记录当前坐标系下的水平平差和垂直平差。

e. 打开需要校正的任务,在当前坐标参数下输入水平平差和垂直平差,点击确定,如图 3 – 20(f)所示,即完成该任务下的数据校正。

图 3 – 20　数据校正示意图

校正后实验曲线和校正前实验曲线相比,有平移和旋转现象,如图 3 – 21 所示。

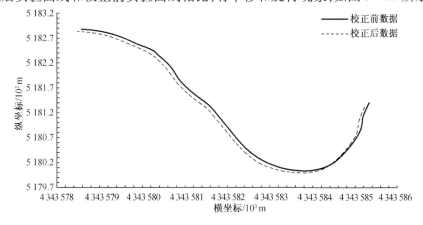

图 3 – 21　实验数据校正前后对比示意图

2. 实验数据分析

(1)实验工况及分析

考虑到自然条件限制和实验中不可抗因素,分4天进行16种工况的原型实验。主要工况信息如表3-6所示,其中包括多组模型与堤岸相互接触的工况。

表3-6 实验工况一览表(2017年)

实验工况	日期	RTK编号	模型类型	上表面积/m²	总历时/min	轨迹长度/km	平均流速/(m/s)	平均风速/(m/s)	撞岸次数
1	10月25日	2	长方体	2	65	5.90	1.47	0.16	0
2		3	正方体	1	45	2.71	0.99	0.22	1
3		3	正方体	1	55	5.17	1.54	0.14	0
4		5	正方体	1	105	8.58	1.36	0.21	0
5	10月26日	3	长方体	2	105	7.97	1.16	3.40	1
6		5	长方体	2	74	7.21	1.55	3.20	0
7		6	长方体	2	126	7.59	1.01	4.03	2
8	10月27日	3	三棱柱	1	31	2.84	1.53	5.95	0
9		5	三棱柱	1	39	4.06	1.73	6.03	0
10		6	三棱柱	1	47	4.97	1.75	5.96	0
11		3	三棱柱	2	42	2.82	1.12	2.25	0
12		6	三棱柱	2	52	2.60	0.82	1.50	3
13	10月28日	3	长方体	2	55	2.72	0.45	0.66	1
14		3	长方体	2	40	2.34	0.97	0.05	2
15		3	三棱柱	4	66	2.78	0.70	0.05	4
16		6	长方体	4	38	1.89	0.83	0.05	3

图3-22~图3-24为实验工况1的冰模型运动轨迹、沿程水面线和速度曲线。实验工况1实验时间为10月25日,冰模型为长方体,上表面面积为2 m²,厚度0.8 m。由冰模型运动轨迹可知,模型在北岸(上北下南)投放,贴北岸运动,整条轨迹越过出口断面1。由冰模型沿程水面线可知,整个过程冰模型运动稳定,水面线无突变,冰模型轨迹位于主流之内,平均运动速度为1.47 m/s。整个模型运动过程中不存在撞岸现象。

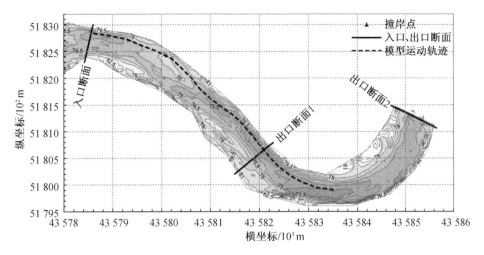

图 3 - 22　实验工况 1 冰模型运动轨迹

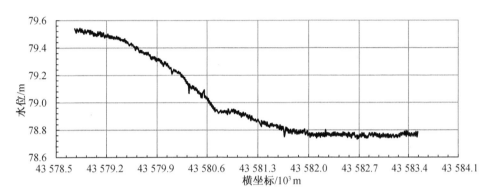

图 3 - 23　实验工况 1 沿程水面线

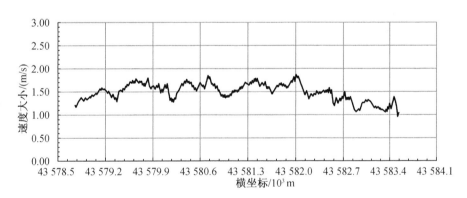

图 3 - 24　实验工况 1 冰模型运动速度曲线

图 3 - 25 ~ 图 3 - 27 为实验工况 14 的撞岸实验冰模型运动轨迹、沿程水面线和速度曲线。实验工况 14 实验时间为 10 月 28 日,冰模型为长方体,上表面面积为 2 m^2,厚度0.8 m。由冰模型轨迹线可知,冰模型在北岸投放,贴岸运动。冰模型在运动过程中发生 2 次刮底撞岸,第 1 次冰模型撞岸较为剧烈,水面线有较大突起,速度降低较多,但是冰模型并未停止运动;第 2 次冰模型撞岸较为轻微,水面线有较小突起,流速部分降低,模型未停止运动。整个冰模型平均运动速度为 0.97 m/s。

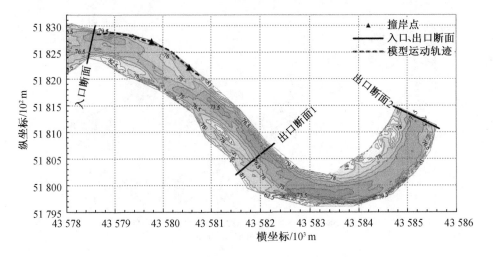

图 3 - 25　实验工况 14 冰模型运动轨迹

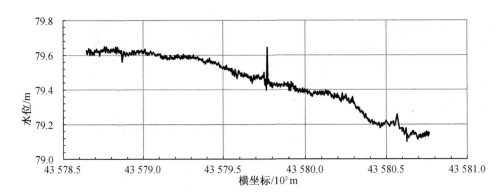

图 3 - 26　实验工况 14 沿程水面线

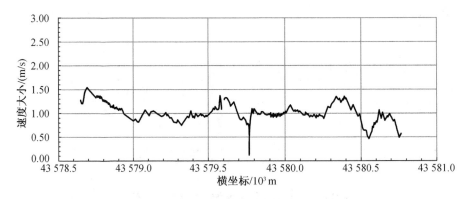

图 3 - 27　实验工况 14 冰模型运动速度曲线

　　综合各实验工况可知,实验江段流场复杂,表现为入口断面主流开始束窄,向北冲击堤岸,后折冲向南,未至南岸遇到江心岛之后分为两股,大股水流折返向北,再次冲击堤岸,后折返向南,与江心岛南侧小股水流汇合后,较为平稳地进入敖其镇江段。

（2）冰模型运动轨迹分析

①冰模型运动规律分析。

如图 3-28 所示,为实验工况 1~11 下的冰模型运动轨迹图。由于实验条件的限制,下游有采砂船施工,流态复杂,因此有的冰模型轨迹线未到达出口断面 2,除撞岸停止运动外,所有流线均到达出口断面 1。共得到冰模型轨迹线 11 条。上表面面积为 1 m² 的正方体冰模型轨迹 3 条,上表面面积为 2 m² 的长方体冰模型轨迹 4 条,上表面面积为 1 m² 的三棱柱冰模型轨迹 3 条,上表面面积为 2 m² 的三棱柱冰模型轨迹 1 条,11 条轨迹线中大风条件下的 5 条。冰模型运动轨迹长度不同,最长为 8.58 km,最短为 2.34 km。

冰模型在入口断面投放,北岸投放的冰模型,除撞岸外,所有轨迹均位于主江道内,随水流运动较为顺畅;南岸投放的冰模型,先靠近南岸运动,1 个冰模型轨迹在江心岛前部撞岸停止,其余均绕过江心岛,向北岸主流运动;江心投放的冰模型,先位于江心运动,随后绕过江心岛在主江道内运动。无论在入口断面何处投放,冰模型在转弯段前均靠近北岸主江道运动,转弯段之后有向南岸主江道运动的趋势。

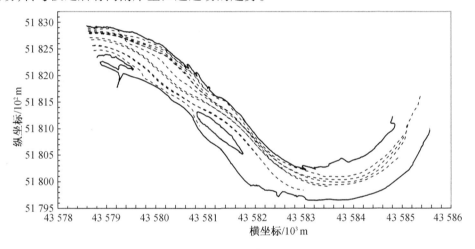

图 3-28　全部工况冰模型运动轨迹图

据此,可实际预测在转弯段前,流凌的运动主要靠近北岸,北岸受流凌破坏比较严重,需要加固堤防;转弯之后,流凌有向南岸运动的趋势,北岸有较大缓冲滩地,流凌危害较轻,南岸为敖其镇,因此南岸堤防需要加固。江心岛附近流凌运动较为密集,应预防冰塞、冰坝的发生。

②冰模型运动轨迹对比分析。

如图 3-29 所示,实验工况 1 和实验工况 4 冰模型投放位置接近,实验工况 1 为上表面面积为 2 m² 的长方体模型,实验工况 4 为上表面面积为 1 m² 的正方体模型。冰模型运动过程中风速不同,冰模型运动轨迹在转弯前几乎是重合的,可知风速对冰模型运动轨迹影响较小,在转弯时两个模型轨迹有偏差,分析原因为实验工况 1 冰模型表面积大,质量较大,在转弯时存在更大的惯性力,因此运动轨迹稍偏向南岸。实验工况 3 和实验工况 9 冰模型投放位置接近,两种工况冰模型形状不同,上表面面积均为 1 m²。冰模型运动过程中风速不同,冰模型运动轨迹几乎是重合的,可知冰模型形状对模型运动轨迹几乎不影响。

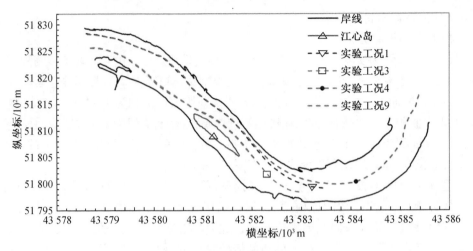

图 3-29 不同工况冰模型轨迹对比

（3）冰模型撞岸分析

为研究流凌对堤防的破坏情况,同时考虑转弯处流速较大,流态较为复杂,南岸岸边有较大缓冲区,水深较浅,流凌危害较小。因此选择上游北岸正在施工堤防岸线处,进行冰模型撞岸实验。撞岸实验共进行 5 次,其中上表面面积为 2 m² 的冰模型实验 3 次,撞岸 6 次,上表面面积为 4 m² 的冰模型实验 2 次,撞岸 7 次;上表面面积为 1 m² 的冰模型做流线实验时撞岸 2 次,上表面面积为 2 m² 的冰模型做流线实验时撞岸 2 次,共得到冰模型撞岸 17 次。

撞岸信息如表 3-7 所示,各次撞击情形不尽相同,有连续撞击,有突然撞击,有轻微,有剧烈,对水面线和流速的影响也不一样;撞击速度均较小,但是考虑到冰排质量,其破坏力较大。由冰模型撞岸信息可知,冰模型撞岸影响主要因素为冰模型投放位置和江道地形。

表 3-7 冰模型撞岸情况表

序号	实验工况	模型形状	上表面面积/m²	X坐标/m	Y坐标/m	撞击速度/(m/s)	描 述
1	2	正方体	1	43 580 746.77	5 181 340.38	0.17	连续轻微刮底停止
2	5	长方体	2	43 579 238.39	5 182 845.17	0.12	连续刮底至停止,不剧烈
3	7	长方体	2	43 581 406.73	5 181 516.96	0.16	间歇性刮底,不剧烈
4			2	43 582 939.99	5 180 239.68	0.16	间歇性刮底,不剧烈
5	12	三棱柱	2	43 578 867.62	5 182 879.62	0.24	连续性轻微刮底
6			2	43 579 701.69	5 182 727.80	0.67	连续性轻微刮底
7			2	43 580 892.67	5 181 898.00	0.43	连续性轻微刮底
8	13	长方体	2	43 581 179.51	5 181 616.51	0.40	连续性轻微刮底
9	14	长方体	2	43 579 768.89	5 182 703.76	0.45	连续刮底,较剧烈
10			2	43 580 550.20	5 182 218.11	0.47	连续轻微刮底

表 3-7(续)

序号	实验工况	模型形状	上表面面积/m²	X 坐标/m	Y 坐标/m	撞击速度/(m/s)	描 述
11				43 578 862.22	5 182 881.12	0.46	剧烈刮底撞岸
12	15	三棱柱	4	43 579 619.69	5 182 747.70	0.40	连续性轻微刮底
13				43 580 374.72	5 182 345.90	0.49	连续性刮底撞岸,较剧烈
14				43 580 788.72	5 182 027.87	0.51	连续性刮底撞岸,较剧烈
15				43 580 560.31	5 182 215.57	0.30	较为突然刮底至停止运动
16	16	长方体	4	43 580 600.31	5 182 171.35	0.75	模型连续轻微刮底
17				43 580 860.67	5 181 945.30	0.14	连续轻微刮底至停止运动
平均	—	—	—	—	—	0.37	—

撞岸位置如图 3-30 所示,上游北岸堤防在 $A \sim B$、$C \sim D$ 段出现多处连续撞岸现象,北岸 E 处存在 1 次撞岸现象,这些堤防段需要加固。在南岸 F 处存在 1 处撞岸现象,该处南岸岸边有较大缓冲区,流凌危害较小,可不进行堤防加固。

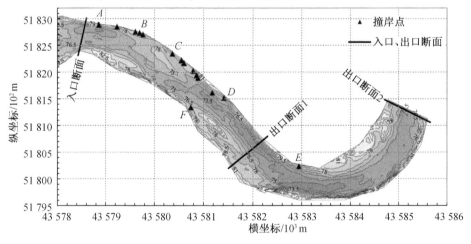

图 3-30 冰模型撞岸汇总图

3.2 基于 MIKE21 的流凌演进数值模拟

在原型实验的基础上,为更全面地研究流凌演进规律和对堤防造成的危害,本节基于 MIKE21 软件,建立水动力模块和粒子追踪模块联合的流凌演进数值模型,开展不同工况下的单冰块运动和群冰块运动模拟,分别对实验江段流凌运动规律、分布和沉积情况进行分析,给出堤防建设需要加固的点位。

3.2.1 几何模型建立

数值模拟江段和原型实验相同,均为松花江干流汤原县 - 佳木斯市段,如图 3-31

所示。

图 3 − 31　数值模拟江段

根据航道局实测的水深图和地形图资料,利用 ArcGIS 进行图纸矢量化,得到实验江段的江底高程散点文件(∗ . xyz 文件)。在原型实验中,实测了该段江面的实际水面边界。以实测的两岸边界为准,利用江底高程散点文件,在 MIKE21 软件中通过插值创建模拟江段三维地形,图 3 − 32 为插值生成的模拟江段三维地形图,其中横纵坐标为 x,y 方向坐标,单位 m,Bathymety 表示海底高程,单位 m。

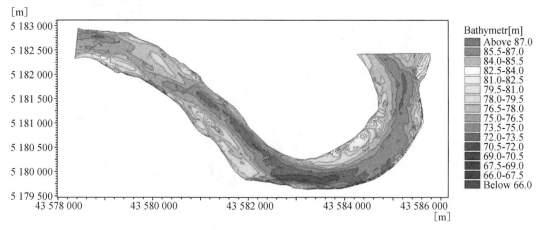

图 3 − 32　模拟江段三维地形图

3.2.2　模型网格划分

计算模型划分网格时,为保证计算的精度,同时考虑计算的耗时,对网格划分应尽量细密,可通过网格无关性验证,确定网格划分方法和大小。把模拟江段分为若干段,每一段均采用四边形网格对模拟江段三维模型进行网格划分;沿水流方向网格长度为 10 m,垂直于水流方向网格长度为 8 m,网格总数为 22.1 万个,最小网格面积为 20 m^2,最小角度为 37.5°。网格划分示意图如图 3 − 33 所示,其中横纵坐标代表 x,y 方向坐标,单位 m。

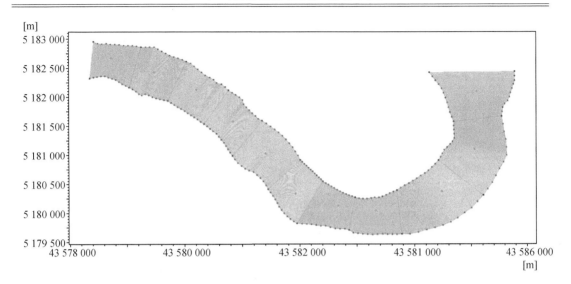

图 3 - 33　模拟江段网格划分示意图

3.2.3　模拟方案的确定

由于实验的可行性和实验条件的限制,在流凌运动的原型实验中均采用了单个冰模型,测量其在水动力、风力和环境力作用下的运动规律,因此数值模拟方案基于原型实验结果来确定。

1. 单冰块运动模拟

选择原型实验中 6 条冰模型运动轨迹线,以此为模拟条件,开展单冰块运动数值模拟。采用单冰块投放,冰块投放的位置以原型实验模型投放点坐标为准,水动力边界条件以实测为准。为保证入口断面冰块投放均匀分布,增加 2 种工况的数值模拟。相关设置方法和数据见 3.2.5 所述。

2. 群冰块运动模拟

实际流冰为大量冰块的运动集合,为贴合实际自然现象,实验过程中开展了群冰块运动数值模拟。在春季开江期,进行流冰现场观测实验,并通过水务局调研和已有的水文资料,确定冰块的数量、投放的方式和模拟水位条件,进行不同来冰量的群冰块运动数值模拟。

3.2.4　计算模型的率定

1. 水动力模型的率定

水动力模型的计算不考虑科氏力、潮汐、降雨和波浪条件的影响,对水动力模型的率定为江底糙率的率定。

糙率是衡量河道粗糙程度对水流影响的一个重要系数。在 MIKE21 软件中,利用曼宁系数来表示江道的粗糙程度,其值一般由经验值估计。图 3 - 34 为利用曼宁系数经验值计算的水面线和实测水面线进行对比,可知计算水面线和实测水面线差别较大。因此,我们需要对曼宁系数(即江底糙率)进行率定,通过航道局实测江底地形资料、原型实验实测的上下游水位和 6 条原型实验水面线对江底糙率进行分段率定。

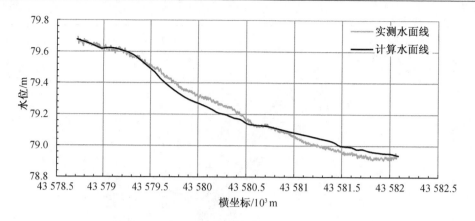

图 3 - 34   采用经验值计算时水面线对比

给定计算模型上下游实测水位,江底糙率采用经验值(0.031 3),进行模拟江段水动力计算。提取计算水面线和实测水面线对比,分析两者的差距,对实验江段分段如图 3 - 35 所示,给定各段调整后的糙率值,再次进行计算,对比计算值和实测值的差距。其中横、纵坐标为 x, y 方向坐标,单位为 m。

多次重复调整各段糙率值,直到水面线计算值和实测值吻合良好,即完成一种工况的糙率率定。由图 3 - 36 率定后的计算水面线和实测水面线对比情况可知,对江段进行分段率定后,水面线计算值和实测值吻合较好。

利用同样的方法,对原型实验 6 条冰模型运动实测水面线进行率定,得到不同模拟工况下的曼宁系数。图 3 - 37 为沿江道中轴线糙率值的变化。表 3 - 8 为各段率定后的江道糙率值,各段江道的平均值为数值模拟提供边界条件。

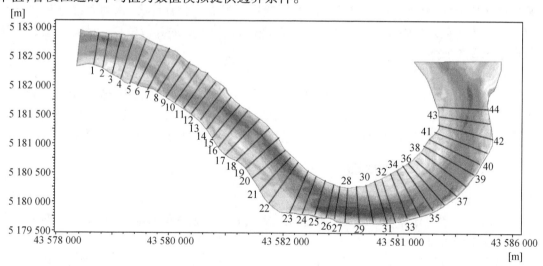

图 3 - 35   模拟江段分段情况

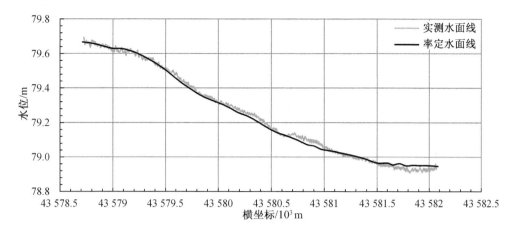

图 3 - 36 率定后的计算水面线和实测值对比

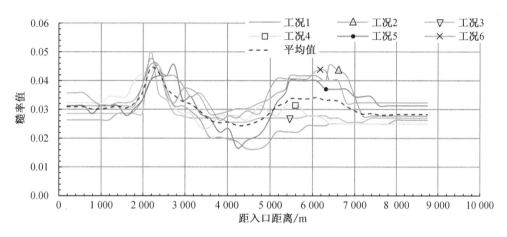

图 3 - 37 不同工况下糙率值与江长的关系

粒子追踪模块调用的是水动力模块的计算结果。率定后的工况进行数值模拟时,每段江道糙率值采用该工况下率定后的值;无率定工况和群冰块运动模拟时,每段江道糙率值采用率定工况的平均值。

表 3 - 8 不同工况下各段江道糙率值

断面序号	糙率值						
	工况 1	工况 2	工况 3	工况 4	工况 5	工况 6	平均值
1	0.026 3	0.031 3	0.028 6	0.032 3	0.031 3	0.035 7	0.030 9
2	0.026 3	0.031 3	0.028 6	0.032 3	0.031 3	0.035 7	0.030 9
3	0.026 3	0.031 3	0.028 6	0.032 3	0.031 3	0.035 7	0.030 9
4	0.026 3	0.031 3	0.028 6	0.032 3	0.028 6	0.033 3	0.030 1
5	0.026 3	0.031 3	0.028 6	0.032 3	0.031 3	0.031 3	0.030 1
6	0.026 3	0.031 3	0.028 6	0.034 5	0.031 3	0.031 3	0.030 5
7	0.028 6	0.031 3	0.028 6	0.034 5	0.031 3	0.032 3	0.031 1

表 3-8（续）

断面序号	糙率值						
	工况 1	工况 2	工况 3	工况 4	工况 5	工况 6	平均值
8	0.028 6	0.031 3	0.028 6	0.038 5	0.027 8	0.032 3	0.031 1
9	0.029 4	0.031 3	0.028 6	0.040 0	0.030 3	0.033 3	0.032 1
10	0.033 3	0.038 5	0.028 6	0.038 5	0.033 3	0.038 5	0.035 1
11	0.040 0	0.045 5	0.050 0	0.028 6	0.040 0	0.047 6	0.041 9
12	0.045 5	0.045 5	0.035 7	0.025 6	0.041 7	0.043 5	0.039 6
13	0.037 0	0.034 5	0.033 3	0.025 6	0.041 7	0.041 7	0.035 6
14	0.031 3	0.032 3	0.028 6	0.025 6	0.045 5	0.041 7	0.034 1
15	0.031 3	0.037 0	0.027 8	0.028 6	0.033 3	0.038 5	0.032 7
16	0.029 4	0.037 0	0.027 0	0.028 6	0.034 5	0.034 5	0.031 8
17	0.026 3	0.034 5	0.027 0	0.023 8	0.028 6	0.035 7	0.029 3
18	0.020 4	0.028 6	0.027 0	0.023 8	0.027 0	0.031 3	0.026 3
19	0.020 4	0.028 6	0.027 0	0.027 8	0.022 2	0.026 3	0.025 4
20	0.019 6	0.029 4	0.025 6	0.027 8	0.023 3	0.027 8	0.025 6
21	0.018 9	0.030 3	0.025 6	0.027 8	0.016 7	0.027 0	0.024 4
22	0.016 4	0.030 3	0.025 6	0.026 3	0.019 2	0.029 4	0.024 5
23	0.016 4	0.032 3	0.027 0	0.031 3	0.021 3	0.028 6	0.026 1
24	0.018 2	0.033 3	0.027 0	0.029 4	0.025 6	0.035 7	0.028 2
25	0.022 2	0.035 7	0.027 0	0.027 8	0.032 3	0.047 6	0.032 1
26	0.022 2	0.037 0	0.027 0	0.031 3	0.035 7	0.047 6	0.033 5
27	0.022 2	0.041 7	0.027 0	0.031 3	0.040 0	0.047 6	0.035 0
28	0.022 2	0.041 7	0.027 0	0.031 3	0.040 0	0.047 6	0.035 0
29	0.024 4	0.041 7	0.027 8	0.027 8	0.040 0	0.047 6	0.034 9
30	0.024 4	0.041 7	0.027 8	0.027 8	0.040 0	0.043 5	0.034 2
31	0.024 4	0.040 0	0.027 8	0.026 3	0.037 0	0.043 5	0.033 2
32	0.025 0	0.045 5	0.027 0	0.025 0	0.037 0	0.040 0	0.033 3
33	0.025 0	0.043 5	0.027 0	0.025 0	0.037 0	0.040 0	0.032 9
34	0.025 0	0.041 7	0.025 6	0.025 0	0.037 0	0.032 3	0.031 1
35	0.025 0	0.034 5	0.025 6	0.025 0	0.034 5	0.032 3	0.029 5
36	0.025 0	0.027 8	0.025 6	0.025 0	0.034 5	0.032 3	0.028 4
37	0.025 0	0.027 8	0.027 0	0.025 0	0.034 5	0.032 3	0.028 6
38	0.025 0	0.027 8	0.027 0	0.025 0	0.031 3	0.032 3	0.028 1
39	0.025 0	0.027 8	0.027 0	0.025 0	0.031 3	0.032 3	0.028 1
40	0.026 3	0.027 8	0.027 0	0.025 0	0.031 3	0.032 3	0.028 3

表 3 – 8（续）

断面序号	糙率值						
	工况 1	工况 2	工况 3	工况 4	工况 5	工况 6	平均值
41	0.026 3	0.027 8	0.027 0	0.025 0	0.031 3	0.032 3	0.028 3
42	0.026 3	0.027 8	0.027 0	0.025 0	0.031 3	0.032 3	0.028 3
43	0.026 3	0.027 8	0.027 0	0.025 0	0.031 3	0.032 3	0.028 3
44	0.026 3	0.027 8	0.027 0	0.025 0	0.031 3	0.032 3	0.028 3

2. 粒子追踪模型的率定

粒子追踪模型的计算不考虑粒子的衰败、沉降、垂向扩散和侵蚀影响。因此对粒子追踪模型的率定为粒子水平扩散的率定。

粒子的水平扩散系数对运动过程中粒子的坐标有直接影响，图 3 – 38 为不同水平扩散系数下模拟冰块的坐标与实测轨迹的对比。当水平扩散系数较大时，冰块的分布较为散乱；当水平扩散系数为 0 时，冰块的分布较为集中。为使投放冰块的模拟轨迹与实测轨迹拟合更好，需要对水平扩散系数进行率定。

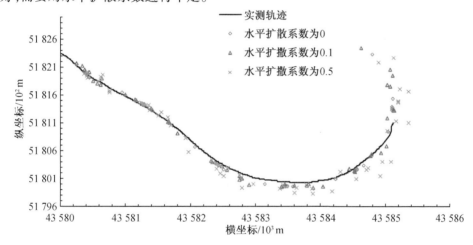

图 3 – 38　不同水平扩散系数下冰块坐标对比

率定以模拟冰块散点坐标与实测冰块轨迹的相关系数最小为原则。分别以水平扩散系数 0，0.025，0.050，0.075，0.100，0.125 进行数值模拟，对不同工况的粒子追踪模型进行率定。对无实测结果率定的工况，选择率定平均值进行计算，水平扩散系数平均值为0.046。不同工况下水平扩散系数的率定值如表 3 – 9 所示。

表 3 – 9　不同工况下水平扩散系数的率定值

模拟工况	水平扩散系数	模拟工况	水平扩散系数
工况 1	0.025	工况 4	0.100
工况 2	0.050	工况 5	0.025
工况 3	0.025	工况 6	0.050

3.2.5 边界条件和计算条件确定

利用 MIEK21 软件的水动力模块和粒子追踪模块对流凌运动进行数值模拟,粒子追踪模块调用水动力模块的计算结果,两个模块相互耦合,计算控制条件是统一的,但是模拟边界条件需要分别进行设置。

1. 计算控制条件设置

根据原型实验实测值,该段江水平均流速按 1.8 m/s 估算,模拟江段总长约 9 km。模型计算时间步长取 30 s,总时间步长取 2 000 步,模拟计算的实际时长为 16.7 h,在水动力模块和粒子追踪模块中,足以使模拟江段流场和两岸流凌堆积达到稳定状态。

2. 水动力模块边界条件

在单冰块运动和群冰块运动数值模拟中,都不考虑冰盖、科氏力、潮汐、降雨和波浪等条件的影响,同时在 MIKE21 软件中数值模拟无法考虑冰块热力消融、相互碰撞破裂和冰块的形状等因素,因此不需要进行这些方面的边界设置。

(1)入口、出口水位条件

①单冰块运动模拟。

共进行 8 种工况的数值模拟,工况 1 ~ 工况 6 入口水位和出口水位边界条件均以实测值进行设置,工况 7 和工况 8 以最高水位进行设置,如表 3 - 10 所示。

表 3 - 10   单冰块运动水位边界条件

模拟工况	入口水位/m	出口水位/m	流量/(m³/s)
工况 1	79.49	78.32	1 447
工况 2	79.50	78.20	1 250
工况 3	79.64	78.30	1 570
工况 4	79.60	78.48	1 315
工况 5	79.70	78.40	1 451
工况 6	79.73	78.40	1 362
工况 7	79.73	78.40	1 362
工况 8	79.73	78.40	1 362

②群冰块运动模拟。

通过对开江期流凌现场观测、水务局调研和已有的水文资料分析,可知该江段春季开江期间为枯水期,水位较低,统计历年水位资料,确定计算模型入口水位为 79.70 m,出口水位为 78.40 m。

(2)糙率边界条件

基于 3.2.4 节计算模型糙率率定结果,每段江道糙率值采用该工况下率定后的值,对生成的曼宁系数文件进行数值模拟;无率定工况和群冰块运动模拟时,每段江道糙率值采用各个率定工况下的平均值,生成曼宁系数文件进行数值模拟。

（3）风边界条件

①单冰块运动模拟。

风速实测资料如表 3-11 所示,每种模拟工况采用对应的原型实验风速实测值。工况 7 和工况 8 以 2016 年 10 月 27 号风速资料进行计算。

表 3-11 风速和风偏角(即风向)实测值

2016 - 10 - 25			2016 - 10 - 26			2016 - 10 - 27		
时间	风速/(m/s)	风偏角(北偏东)/(°)	时间	风速/(m/s)	风偏角(北偏东)/(°)	时间	风速/(m/s)	风偏角(北偏东)/(°)
8:17	0.3	225	8:30	4.8	85	7:22	4.8	255
8:27	0.2	219	8:45	13.3	75	7:25	6.7	249
8:37	0.1	276	9:00	4.5	85	7:35	6.2	232
8:47	0.1	286	9:15	3.1	75	7:45	6.4	274
8:57	0.0	—	9:30	1.8	90	7:59	5.5	230
9:07	0.4	256	9:35	4.5	90	8:09	5.5	270
9:17	0.0	—	9:45	2.4	90	8:19	6.2	260
9:27	0.1	262	10:00	1.5	120	8:29	4.0	270
9:37	0.1	268	10:15	2.1	110	8:39	3.1	285
9:47	0.0	—	10:30	1.8~2.4	110	8:49	4.0	270
9:57	0.0	—	10:40	5.4	105	8:59	4.0	270
14:45	0.2	219	10:45	5.6	105	9:19	5.5	287
14:55	0.2	190	11:00	7.2	115	9:30	5.1	270
15:05	0.3	177	11:15	8.8	95	9:40	4.0	275
15:15	0.1	180	11:30	7.6	105	9:50	3.6	270
15:25	0.1	189	11:40	6.2	100	10:00	0.9	220
15:35	0.0	—	11:55	7.2	100	10:10	4.0	218
15:45	0.0	—	—	—	—	10:20	3.0	270
15:55	0.2	198	—	—	—	10:30	1.1	270
—	—	—	—	—	—	10:40	0.2	250
—	—	—	—	—	—	10:50	0.5	272
—	—	—	—	—	—	11:00	2.7	270

②群冰块运动模拟。

结合水务局调研和历年春季同时期气象资料,该江段春季开江期间风向、风速接近,因此在群冰块运动数值模拟时,风速大小设为 5 m/s,风向为北偏东 235°(西南风)。

3. 粒子追踪模块边界条件

在 MIKE21 软件粒子追踪模块中,无论是单冰块还是群冰块运动数值模拟,都不考虑粒子的衰败、沉降、垂向扩散和侵蚀条件影响。水平扩散系数采用表 3-9 所示的率定值,无率定值工况采用率定平均值。

（1）单冰块运动模拟入口边界条件

以原型实验模型投放坐标为依据，进行单冰块数值模拟入口边界条件的设置。单冰块初始投放坐标信息如表 3 - 12 所示。

表 3 - 12　单冰块运动冰块投放坐标表

模拟工况	模拟冰块投放坐标/m	
	X 坐标	Y 坐标
工况 1	43 578 721.51	5 182 561.75
工况 2	43 578 647.28	5 182 819.48
工况 3	43 579 371.21	5 182 673.20
工况 4	43 578 962.49	5 182 799.38
工况 5	43 578 707.60	5 182 562.06
工况 6	43 578 654.93	5 182 713.54
工况 7	43 578 637.39	5 182 773.90
工况 8	43 578 697.68	5 182 617.04

（2）群冰块运动模拟入口边界条件

根据对历年实验江段春季开江的资料分析，确定流凌的量级。在数值模拟中冰块的质量为 18 t。入口边界每时间步长内，上游来冰分别按 250 个、500 个、750 个和 1 000 个模拟计算。冰块投放位置为入口边界上两点之间均匀分布，两点坐标分别为（43 578 707.6，5 182 402.1）和（43 578 837.0，5 182 885.0）。

3.2.6　单冰块模拟结果与分析

提取工况 1 ~ 工况 6 的实验冰块轨迹的沿程水面线，并与实验值进行对比，确定 MIKE21 软件水动力模块计算的准确性；将冰块运动轨迹的模拟值与实验值进行对比，确定 MIKE21 软件粒子追踪模块计算的准确性。分析各个模拟工况的流凌运动规律和运动影响因素，确定每种工况下堤防建设需要加固的点位，给出堤防建设意见。

1. 计算值与实验值对比分析

（1）模拟工况 1

由图 3 - 39 和图 3 - 40 可知，计算水面线和实测水面线整体拟合较好，在起始处有误差，误差在 4 cm 内，冰块模拟轨迹和实测轨迹整体拟合良好。综上可知，水动力模块和粒子追踪模块计算准确。

靠近南岸投放的冰块，在横坐标 43 581 000 m 之前，靠近南岸运动，随后绕过江心岛转向主流运动，在转弯段转向南岸运动直到出口；在横坐标 43 580 000 m 附近，模拟冰块有向岸运动趋势；在横坐标 43 584 000 ~ 43 585 000 m 范围，冰块紧贴南岸运动。由分析可知，为预防上游南岸来冰的影响，南岸堤防在横坐标 43 580 000 m 附近存在 1 处需要加固的点位，转弯段南岸堤防需要全程加固。

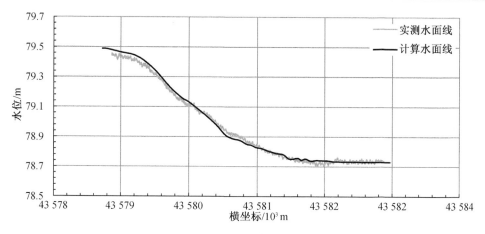

图 3 - 39 工况 1 冰块沿程水面线实测值和计算值对比

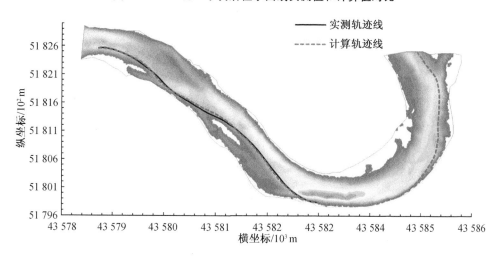

图 3 - 40 工况 1 冰块轨迹线实测值和计算值对比

（2）模拟工况 2

由图 3 - 41 和图 3 - 42 可知,计算水面线和实测水面线拟合良好,冰块模拟轨迹和实测轨迹整体拟合较好,在横坐标 43 580 500 m 和实测轨迹线尾端有较小误差。综上可知,水动力模块和粒子追踪模块计算准确。

靠近北岸投放的冰块,整个运动过程中靠近北岸运动;在横坐标 43 580 000 m 附近,实验冰块和模拟冰块都有向岸运动趋势。由分析可知,为预防上游北岸来冰的影响,北岸堤防存在 2 处需要加固的点位。

（3）模拟工况 3

由图 3 - 43 和图 3 - 44 可知,计算水面线和实测水面线整体拟合较好,在开始段,计算水面线和实测水面线波动都较大,分析原因为实验冰块贴近北岸岸边运动,连续碰撞江底造成的,冰块模拟轨迹和计算轨迹拟合良好。综上可知,水动力模块和粒子追踪模块计算准确。

实验冰块在开始阶段贴岸运动,且连续碰撞江底,为保证实验顺利进行,人为干涉冰块离岸运动,因此模拟冰块投放位置和实验相比稍落后;冰块整个运动过程均位于主江道内,对两岸堤防不产生破坏作用。

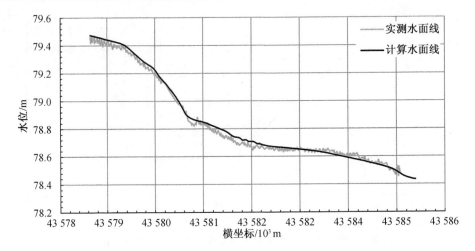

图 3 - 41　工况 2 冰块沿程水面线实测值和计算值对比

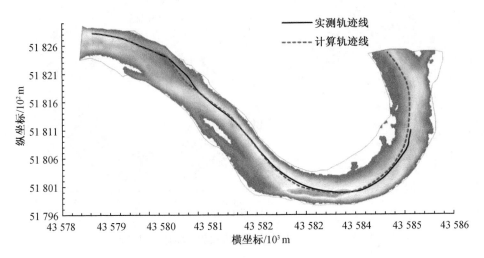

图 3 - 42　工况 2 冰块轨迹线实测值和计算值对比

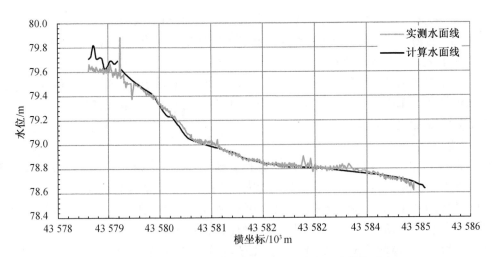

图 3 - 43　工况 3 冰块沿程水面线实测值和计算值对比

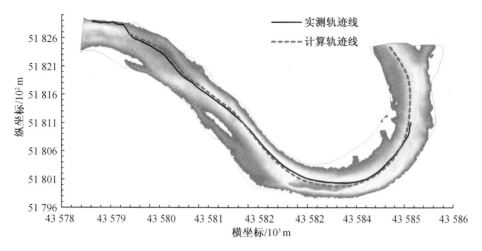

图3-44　工况3冰块轨迹线实测值和计算值对比

（4）模拟工况4

由图3-45和图3-46可知,计算水面线和实测水面线整体拟合较好,在水面线中部,模拟水面线出现断续,分析原因为实验冰块贴岸运动,冰块连续碰撞江底造成的。冰块模拟轨迹和实测轨迹整体拟合良好,存在部分误差,分析原因为模拟冰块不考虑与江底的相互作用造成。综上可知,水动力模块和粒子追踪模块计算准确。

靠近北岸投放的冰块,紧贴近北岸运动;冰块轨迹在横坐标4 358 000 m、43 581 500 m和4 358 300 m附近,冰块均有向岸边运动趋势。分析可知,为预防上游北岸来冰的影响,在横坐标43 579 500～43 582 000 m范围内存在多处需要加固的点位。

（5）模拟工况5

由图3-47和图3-48可知,计算水面线和实测水面线拟合良好;冰块模拟轨迹和实测轨迹整体拟合良好。综上可知,水动力模块和粒子追踪模块计算准确。

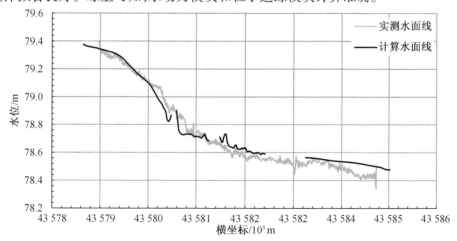

图3-45　工况4冰块沿程水面线实测值和计算值对比

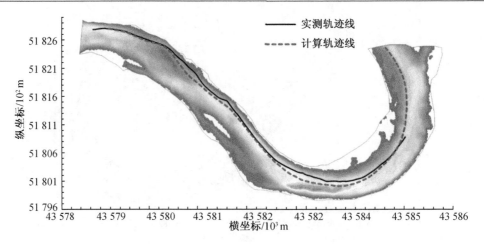

图 3-46　工况 4 冰块轨迹线实测值和计算值对比

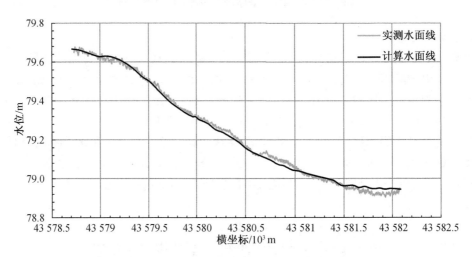

图 3-47　工况 5 冰块沿程水面线实测值和计算值对比

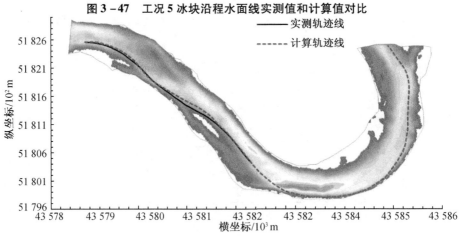

图 3-48　工况 5 冰块轨迹线实测值和计算值对比

　　靠近南岸投放的冰块,在横坐标 43 581 000 m 之前,靠近南岸运动,随后绕过江心岛向主流运动,在转弯段又转向南岸运动直到出口;在横坐标 43 580 000 m 附近,冰块有向岸运动趋势;在横坐标 43 584 000 ~ 43 585 000 m 范围,冰块紧贴南岸运动,这几处堤防建设均应加固。由分析可知,为预防上游南岸来冰的影响,南岸堤防在横坐标 43 580 000 附近和横坐标43 584 000 ~ 43 585 000 m 范围需要加固。

(6)模拟工况 6

由图 3 - 49 和图 3 - 50 可知,计算水面线和实测水面线拟合良好;冰块模拟轨迹和实测轨迹整体拟合良好,在横坐标 43 580 000 m 处存在较小误差。综上可知,水动力模块和粒子追踪模块计算准确。

在江心投放的冰块,在横坐标 43 580 000 m 之前,靠近南岸运动,随后位于主流运动,在转弯段又转向南岸运动;横坐标 43 580 000 m 冰块有向岸运动趋势。由分析可知,为预防上游来冰的影响,南岸堤防存在 1 处需要加固的点位。

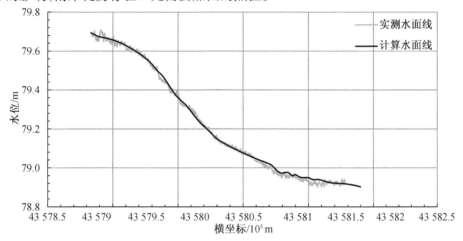

图 3 - 49　工况 6 冰块沿程水面线实测值和计算值对比

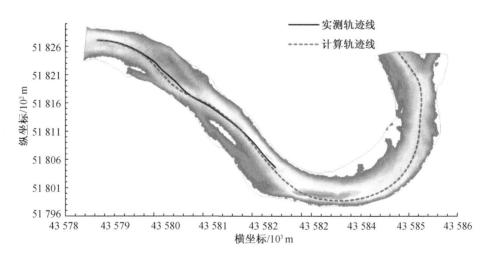

图 3 - 50　工况 6 冰块轨迹线实测值和计算值对比

2. 计算结果汇总与分析

实验过程中,在 6 种工况的单冰块运动模拟的基础上,增加了 2 种工况的单冰块运动模拟,分析上游不同投放位置的冰块在实验江段的运动规律以及对两岸堤防产生的影响。由

图 3 - 51 冰块模拟轨迹线汇总可知,在入口断面,靠近北岸投放的冰块,其运动轨迹线贴近北岸运动,对北岸堤防可能产生破坏;在江心处投放的冰块,其运动轨迹线位于主流内,除了横坐标43 580 000 m 处,对两岸堤防不产生直接影响;位于南岸投放的冰块,其运动轨迹线贴近南岸,在转弯段对南岸堤防可能产生破坏,转弯段靠南岸为流凌运动的主江道。通过对各工况下的冰块运动轨迹分析,北岸堤防在横坐标43 579 000 ~ 43 582 000 m 范围内存在多处需要加固的点位,南岸堤防在横坐标 43 580 000 m 和转弯段也需要加固。

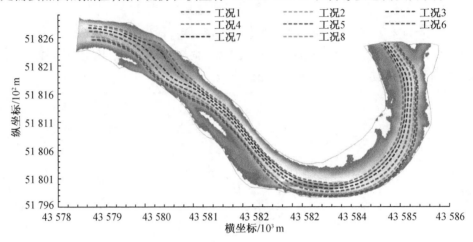

图 3 - 51　冰块模拟轨迹线汇总

3.2.7　群冰块模拟结果与分析

在单冰块运动模拟的基础上,本节开展群冰块运动模拟研究,研究分为 4 个工况进行,每个时间步长内,进口投放的冰块数量分别为 250 个、500 个、750 个和 1 000 个。模拟结果如图 3 - 52 ~ 图 3 - 59 所示。其中横、纵坐标表示 x,y 方向坐标,单位为 m。Suspended,ice-Mass 指流凌密度,Sedimented,ice-Mass 指流凌堆积密度。

1. 流凌平均分布密度分析

(1)群冰运动模拟工况 1

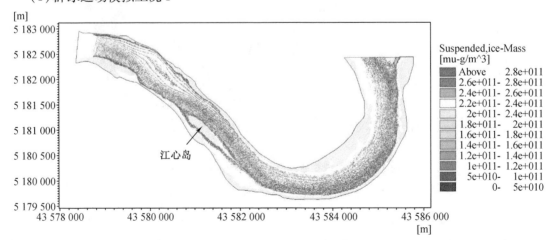

图 3 - 52　工况 1 运动流凌平均分布密度图

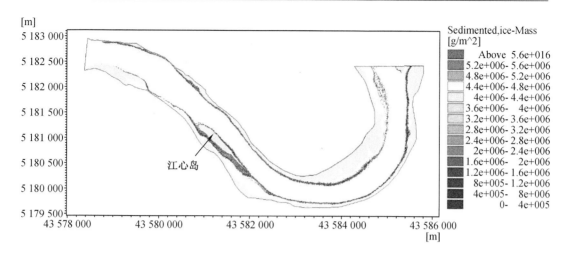

图 3-53　工况 1 两岸流凌堆积平均分布密度图

（2）群冰运动模拟工况 2

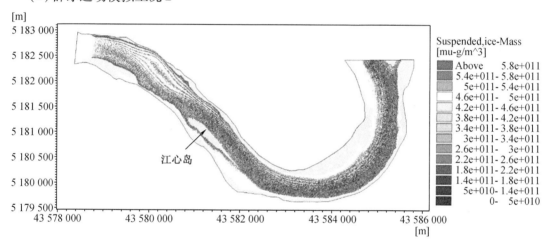

图 3-54　工况 2 运动流凌平均分布密度图

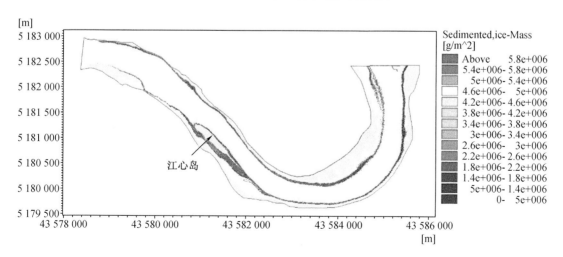

图 3-55　工况 2 两岸流凌堆积平均分布密度图

（3）群冰运动模拟工况 3

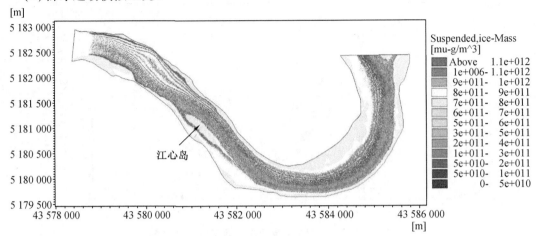

图 3－56　工况 3 运动流凌平均分布密度图

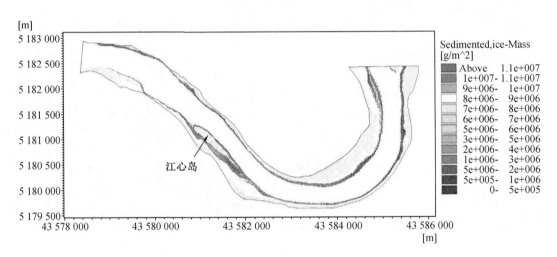

图 3－57　工况 3 两岸流凌堆积平均分布密度图

（4）群冰运动模拟工况 4

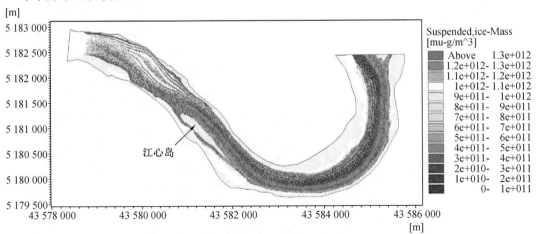

图 3－58　工况 4 运动流凌平均分布密度图

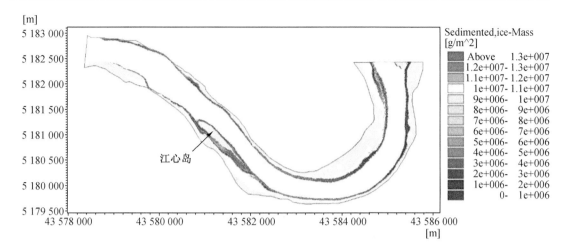

图 3 - 59　工况 4 两岸流凌堆积平均分布密度图

由 4 种群冰运动模拟工况的运动流凌平均分布密度图可知,在横坐标 43 579 000 ~ 43 582 000 m 范围内,出现岸边流凌聚集多于江心情况,北岸流凌紧贴江岸运动,对堤防有较大威胁。在横坐标 43 580 000 m 附近,靠北岸江心均出现流凌非常少的情况,原因为该处水深较浅,影响了流凌的运动。在转弯段,北岸(上北下南)流凌聚集少于南岸,南岸为流凌运动的主流江道。

由 4 种群冰运动模拟工况的两岸流凌堆积平均分布密度图可知,在江两岸均有流凌堆积,江心岛附近有较多流凌聚集和堆积,堵塞南岸叉道,可能形成冰塞冰坝。图中江滩地在坐标 43 578 000 ~ 43 582 000 m 范围内,北岸堤防需预防流凌破坏,在横坐标 43 580 000 m 附近和转弯段,南岸堤防需预防流凌破坏。

2. 各模拟工况对比分析

为分析上游来冰量对实验江段流凌运动规律和分布密度的影响,分别在实验江段上游、江心岛处和转弯段设置 3 个监测断面,如图 3 - 60 所示,从南岸到北岸(上北下南)提取断面流速、悬浮冰分布密度,对比分析各工况的模拟数据。图中横、纵坐标表示 x、y 方向坐标,单位为 m,Total water depth 指水深,单位为 m。

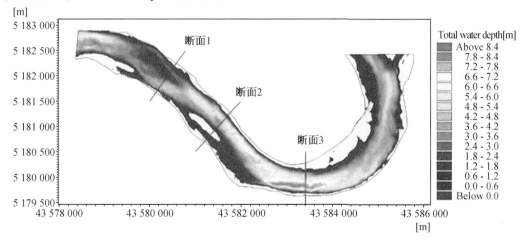

图 3 - 60　实验江段监测断面示意图

（1）监测断面江道流速分析

MIKE21 软件粒子追踪模块调用水动力模块的计算结果，因此在群冰运动数值模拟中，上游来冰量的设置对实验江段流场没有影响。提取 3 个监控断面的流速如图 3-61 所示，在断面 1 处，南岸为主流江道，江心处流速小于南岸和北岸。在断面 2 处，北岸为主流江道，江心岛将江道分为南北两股，南股江水流速较小。在断面 3 处，南岸和江心为主流江道，北岸流速较小。

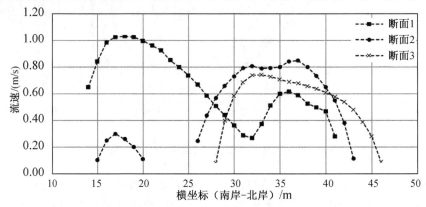

图 3-61　实验江段各断面流速图

（2）悬浮冰平均分布密度分析

由图 3-62 可知，在断面 1 处，两岸流凌平均分布密度大于江心，北岸大于南岸，江心处流凌平均密度大小不一，存在波动。由图 3-63 可知，在断面 2 处，江心岛附近流凌平均分布密度大于北岸主流江道，江心岛南部江道窄且流凌平均密度最大，应预防冰塞冰坝的出现。由图 3-64 可知，在断面 3 处，流凌平均分布密度波动较大，南岸和北岸流凌平均分布密度大于江心，南岸大于北岸。由 3 个断面的各工况流凌密度曲线分析可知，各工况曲线变化趋势相似，上游来冰量对流凌运动规律和流凌堆积分布没有明显的影响，只影响了流凌的平均分布密度大小。

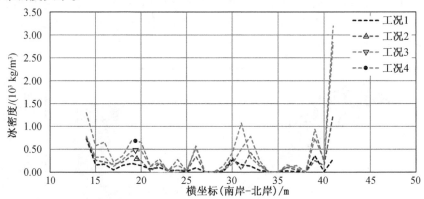

图 3-62　断面 1 各工况悬浮冰平均密度图

（3）流凌撞岸速度和角度分析

为分析上游来冰量对流凌撞岸的影响，在江北岸和南岸岸边设置 3 个监测段，监测段沿江岸长 400 m，深入江中 200 m。如图 3-65 所示，监测段 1 位于上游北岸，监测段 2、3 位于南岸转弯段。

上游北岸为堤防在建段,现提取各个工况在监测段 1 撞岸停止的流凌运动速度和角度进行分析。如图 3 – 66 所示,4 个工况中流凌撞岸的速度、角度散点图整体分布相同,存在较小差别。撞岸角度范围为 100° ~ 150°,大多数的散点集中在 115° ~ 135° 之间,撞岸停止前一个时间步的速度范围为 0.2 ~ 0.6 m/s,大多数的散点集中在 0.2 ~ 0.45 m/s 之间。由图 3 – 66 可知,上游来冰量对流凌撞岸的角度和速度影响较小。

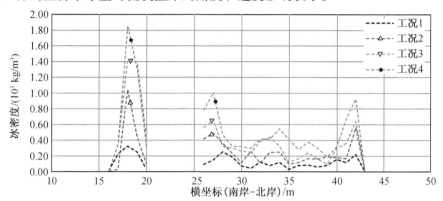

图 3 – 63 断面 2 各工况悬浮冰平均密度图

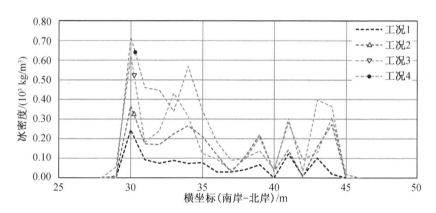

图 3 – 64 断面 3 各工况悬浮冰平均密度图

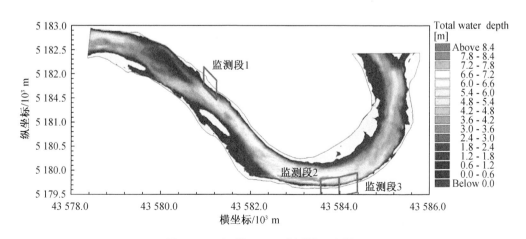

图 3 – 65 江岸 400 m 监测段示意图

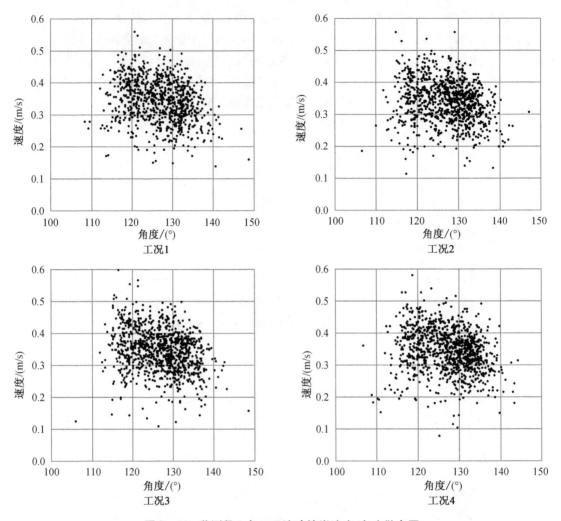

图 3-66 监测段 1 各工况流凌撞岸速度/角度散点图

提取工况 1 监测段 2、3 的流凌撞岸速度和角度,如图 3-67 所示。流凌由上游向下游不断运动的过程中,岸边不断有撞岸停止的流凌,监测段 2、3 位于下游,因此在总计算时间步内,下游撞岸流凌数量小于上游。由图 3-67 可知,监测段 2、3 相邻,监测段 2 流凌撞岸角度范围为 70°~110°,撞岸停止前一个时间步的速度范围为 0.2~0.7 m/s;监测段 3 流凌撞岸角度范围为 60°~90°,撞岸停止前一个时间步的速度范围为 0.2~0.8 m/s。监测段位置不同,江道地形不同,对比分析可知,江道地形对流凌撞岸角度和速度有影响。

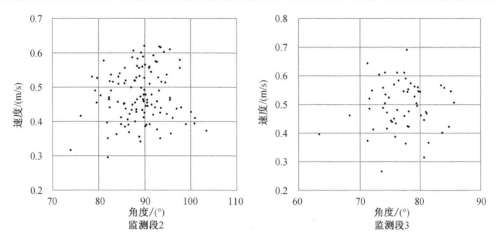

图 3 - 67　监测段 2、3 流凌撞岸速度/角度散点图

3.3　开江原型观测实验

对河流、湖泊、渠道、水库等冰情进行野外原型观测是研究冰水动力学过程和冰水耦合作用机理的重要手段,也是防冰减灾工作的基础。开展松花江干流春季开江原型观测研究,实测开江期间实验江段流凌演进真实数据,通过对观测数据进行统计和分析,可探明研究江段流凌运动规律和流凌破坏类型,验证数值模拟结果的准确性。

3.3.1　开江原型观测方案

对流冰或冰盖的原型进行观测,其测量方法一般可分为接触式和非接触式两种。接触式测量方法包括打孔、电阻加热线、压力传感器等,也被认为是比较可靠的测量方法。但是在我国东北地区,冬季气温极低,冰层厚度普遍在 1 m 左右,接触式测量方法效率低、数据量少、工作难度较大。本次原型观测主要测量数据为开江过程中流凌的运动特性、分布情况和开江后流凌的堆积状况、破坏类型。因此主要利用高精度的实时动态差分 GPS 定位系统(RTK)来实时采集测点的经纬度坐标,利用风速仪来测量开江期间实时风速,利用摄像机来记录整个开江过程流凌演进的状况,利用照相机来拍摄流凌演进过程的典型特征和开江后冰块堆积、破坏状况等。

河道开河是指春季封冻河道中冰盖受温度回升影响,消融破裂、自上游向下游的流动现象。本次观测实验于 2017 年 4 月 7 号至 9 号对松花江实验江段开江流凌进行了 3 d 的现场观测实验。本次开江为“文开江”,观测期间,研究人员拍摄了大量的图片和视频资料,标记了流凌堆积坐标,记录了整个江面流凌分布、运动的情况,观测了流凌的典型破坏状况。

3.3.2　流凌运动观测分析

由于气温逐渐回升和各江段冰冻情况的差异,不同的江段开江时间不同,有的江段已经出现流凌或者流冰结束,而有的江段仍然冰冻,甚至出现下游开江,上游冰冻的情况。开江期间,不同河段流凌运动的主江道和流凌运动的速度也不相同。

1. 流凌运动记录

在江北岸架设摄像机,对不同江段进行了为期 3 d 的流凌运动的连续记录,并分析整个实验段江面流凌情况。记录了江心岛前后段、转弯前后段的流凌运动,转弯段开江在早晨 6:00 左右,本次观测没有记录到。通过对比 A、B、C 3 个江段,如图 3 - 68 所示,分析影响流凌运动的因素。

图 3 - 69 ~ 图 3 - 71 分别为 2017 年 4 月 7 号到 9 号连续观测的不同江段的流凌运动情况,图中画线内为流凌运动的主流区。由观测资料分析可知:4 月 7 号对江段 A 的观测,流凌的主流区位于整个江面,大量流凌缓慢地向下游流动;4 月 8 号对江段 B 的观测,流凌的主流区为江心和南岸,北岸附近流凌融化,靠岸边有部分冰块堆积;4 月 9 号对江段 C 的观测,上游来冰主要位于南岸附近向下游运动,北岸冰块早于上游来冰之前向下游运动。

图 3 - 68　A、B、C 江段分段情况

图 3 - 69　4 月 7 号流凌运动观测记录

图 3 - 70　4 月 8 号流凌运动观测记录

图 3 - 71　4 月 9 号流凌运动观测记录

　　3 个江段中流凌的速度不同,其中江段 B 流凌速度最快,江段 C 流凌速度次之,江段 A 流凌速度最慢。通过实时风速测量,4 月 8 号平均风速最大,4 月 9 号平均风速次之,4 月 7 号平均风速最小。分析可知,江道地形影响流冰主流区的范围,风速影响流凌运动的速度。开江过后,两岸部分点有流凌堆积,流凌运动规律和分布与数值模拟结论相同。

　　2. 开江前后观测

　　图 3 - 72 ~ 图 3 - 74 分别为实验江段在 2017 年春季开江期间江面冰封、开江与未开江分界线,开江时江面流凌情况的图片资料。开江前整个江面封冻较为均匀,冰面平整。开江分时间段进行,存在明显的开江与未开江分界线。开江过程中冰块较大,运动较为剧烈,存在大块冰凌突起的情况。

图 3 - 72　江面冰封情况

图 3 - 73　开江段与未开江段分界线

图 3 - 74　开江时流凌运动状况

3.3.3　岸冰堆积观测分析

由观测资料分析,大量流凌流过江道后,岸边存在部分较大的冰块堆积点,各处堆积的冰块数量、冰块大小和离岸远近各不相同。在"文开江"期间,堆积冰块会随气温的回升原地融化,对两岸不存在危害;在"武开江"期间,流冰量和流冰速度远大于"文开江",流凌堆积点位需要预防冰排上岸。本次开江利用 RTK 测量了开江过后两岸冰块堆积的坐标信息,如图 3 - 75 所示,在两岸均存在冰块堆积,其中北岸(上北下南)冰块堆积多于南岸,图中标记了两岸冰块堆积点位,与数值模拟结果相近,验证了数值模拟结果的准确性。图 3 - 76 为典型的冰块堆积的现场情况。

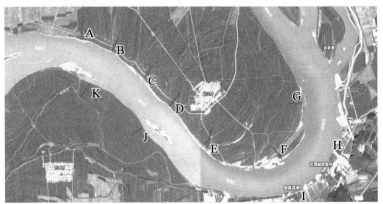

图 3 - 75　两岸冰块堆积点位

3.3.4　流凌破坏观测分析

在开江期间,由于冰块的体积大、质量大,在风、江道地形、水流等因素的影响下,两岸堤防容易被破坏。在本次开江观测实验中,观测到了流凌、水流对河岸的侵蚀和流凌的撞击破坏,一处护坡铅丝石笼受到严重破坏。

图 3 - 77 为开江期间冰块对河岸的撞击破坏和冰排爬岸。在"文开江"期间,已经出现大型冰排爬坡、小型流凌堆积现象,对岸边土质造成了破坏,这种现象在"文开江"时期产生的破坏较为轻微,在"武开江"时破坏力巨大且不可控。

图 3 - 76　两岸冰块堆积状况

图 3 - 77　流凌对江岸撞击破坏

　　由图 3 - 78 可知,流凌运动过后,江岸在流凌和水流的作用下被严重侵蚀,该处江岸距岸 10 m 左右为新建江堤,岸边土壤较为松软,遇到"武开江"或流凌强烈撞击时,有可能出现溃堤情况,应对堤防进行抛石护坡加固。

图 3 - 78　流凌对江岸侵蚀破坏

本次开江观测,在沿江一处新建护坡处,铅丝石笼受较大冰块撞击,出现严重破坏。由图 3 - 79 可知,位于水下的石笼被冰块撞击翻出水面,钢丝被撞断,块石外漏,大型冰排爬上护坡,堆积高度达 2 ~ 3 m。

图 3 - 79　流凌对铅丝石笼的破坏

第4章 流凌演进全视景仿真模拟技术

4.1 数字地形系统构建方法研究

数字地形系统构建是进行流凌演进数值模拟的基础,基于松花江干流研究区域纸质地形图资料和谷歌地球(google earth,GE)高程影像数据,本节提出基于GE的数字地形数据和卫星影像图快速获取方法,建立基于GIS的数字地形快速建模方法,为松花江干流流凌演进数值模拟数字地形的构建提供技术基础。

4.1.1 基于GIS的数字地形建模方法研究

二十世纪八十年代末期,地理信息系统的研究热点逐渐从二维转换到三维上来,三维地理信息系统不但具备二维地理信息系统中基本地理信息的处理能力,如存储、获取、分析、管理、展示等,还具有其他二维地理信息系统不具备的能力,如地形地貌的三维展示、水文分析、光照分析等。

三维地形模型是一种表面模型,该模型可展示出三维地形的起伏形态。建立一个逼真的三维地形场景需要两个必备条件,一是需要DEM高程数据来构成的地表高程网,二是需要以数字正射影像数据作为纹理的地表贴图,才能实现三维地貌的逼真展示。此外,添加地表文化特征等其他空间矢量数据以完善三维场景。目前的三维地理信息系统地形渲染引擎通过将数字高程数据、卫星影像数据,加载到地形引擎数据管理节点下,已经能够由渲染引擎直接完成地形渲染,主要工作是完成DEM生成与地理贴图的处理与优化。

数字地面模型(digital terrain model,DTM)也被称为数字地形模型。数字地形模型最初是由美国麻省理工学院教授Miler在1956年提出的,其目的是解决高速公路的自动设计。数字地形模型是对地表形态特性信息空间分布的数字表达,其本质为描述地表形态多种空间信息分布的有序数字序列,可由叠加在二维地理空间上的一维或多维地表特性空间向量表示。数字地形模型从数学角度,可用二维函数系列取值的有序集合表示,即

$$k_p = f_k(u_p, v_p) \tag{4-1}$$

式中　k_p——第 p 号地表点,通常是某点及其微小邻域所划定的一个地面元上第 k 类地面特性信息的取值,k 可取 $1,2,3,\cdots,m$(地面特性信息类型的数目,$m \geqslant 1$),p 可取 $1,2,3,\cdots,n$(n 为地面点的个数);

u_p、v_p——第 p 号地表点的二维信息值,可以是任意投影的平面坐标,或者是经纬度和矩阵的行列号等。

在式(4-1)中,当 $m=1$ 且 f_1 为地面高程时,此时 (u_p, v_p) 为矩阵的行列号时,表达的数字地形模型就是数字高程模型。DEM是DTM的一个子集,在数学上DEM是表示区域 D 上的三维向量有限序列,其函数描述为

$$V_i = (X_i, Y_i, Z_i) \quad i = 1,2,3,\cdots,n \tag{4-2}$$

式中 X_i, Y_i——第 i 点的平面坐标；

$\quad\quad Z_i$——第 i 点坐标 (X_i, Y_i) 对应的高程。

当该序列各平面向量的平面位置呈规则网格排列时，其平面坐标可以省略，此时 DEM 就简化为一维向量序列 $\{Z_i, i = 1, 2, 3, \cdots, n\}$。

1. 数字高程模型基本理论

数字高程模型是用点或线的平面坐标及其高程或者是经纬度和海拔高度组成的一组有序数值阵列形式来表示一定区域范围地面高程的一种实体地面模型。

数字高程模型是多学科相互交叉与渗透的产物。数字高程模型作为地形分析所使用的基础数据，现已被广泛应用在资源与环境、测绘、灾害防治、国防等与地形分析有关的科研及国民经济领域。在遥感中可用于对城市进行合理规划、分析土地利用现状对耕地进行保护及洪水险情预报等；在测绘中，可用于绘制等高线，可以计算各种不同区域的面积、体积、坡度等；在军事上可用于导航和导弹制导。

数字高程模型建立的方法有多种。从数据源及采集方式可分为：①直接测量，使用全站仪等测量设备测量地面高程、经纬度等信息，利用实测的数据建立 DEM；②摄影测量，利用光学摄影机获取相关图像，从图像中提取物体的形状、大小等数据，利用提取数据建立 DEM；③立体遥感，利用空间载体上的各种传感器获得相关地形的信息数据建立 DEM；④GPS，使用 GPS技术获得相关区域的高程、经纬度等信息，利用测得的数据建立 DEM；⑤纸质地形图手动跟踪数字化，使用数字化仪将地形图的点线相关信息转换为数字化的平面坐标，利用转换后的数字化的矢量数据建立 DEM；⑥地形图屏幕数字化，使用图像扫描仪将现有的地形图人工数字化，利用转换后的数字化信息建立 DEM；⑦合成孔径雷达干涉测量技术，利用合成孔径雷达获得同一地区的两张不同 SAR 图像，从图像中获取地形高程数据，利用获取的高程数据建立 DEM。合成孔径雷达干涉测量技术最大的优点是弥补了光学遥感技术的不足，特别适合于常年积雪区、植被严重覆盖区等利用光学遥感技术不易获得数据地区的 DEM 建立。目前构建 DEM 的几种主要方式的优缺点和适应范围如表 4-1 所示。

表 4-1 DEM 构建方式的比较

获取方式	DEM 的精度	速度	成本	更新程度	应 用 范 围
地面测量	比较高（采点密度）	耗时	很高	很困难	小范围区域,特别的工程项目的数据收集
摄影测量	比较高	比较快	比较高	周期性	大的工程项目,国家范围内的数据采集
立体遥感	低	很快	低	很容易	国家范围乃至全球范围内的数据收集
GPS	比较高	很快	比较高	容易	小范围区域,特别的工程项目的数据收集
地形图手扶数字化	比较低（图上精度）	比较耗时	低	周期性	国家范围内以及军事上的数据采集,中小比例尺地形图的数据获取
地形图屏幕数字化	比较低（图上精度）	比较耗时	比较低		
合成孔径雷达干涉技术	非常高	很快	非常高	容易	适用于常年积雪区、植被严重覆盖区的DEM 提取

综合考虑精度、成本、速度等因素,采用地形图屏幕数字化方式,也是目前大规模生产

高精度 DEM 数据的最普遍方式。

2. 不规则三角形(triangulated irregular,TIN)的建模原理

TIN 是一种由连续的不规则三角形所构成的线性分块模型,其本质是一种矢量数据,能够较好地展现复杂地形地貌情况,同时存储的三维地形信息具有较好的显示效果。在实际研究中,利用连续的三角网来表现三维数字地形。基于 TIN 插值生成数字高程模型的方法主要有线性插值法和自然邻域插值法。

①线性插值法将 TIN 显示为平面,通过查找落在二维空间中的三角形,并计算像元中心相对三角形平面的位置,获得每个输出像元指定值。

②自然邻域插值法可产生比线性插值法更平滑的结果,其在每个输出像元中心周围的所有方向上找到最近的 TIN 节点,并基于区域的权重方案生成数字高程模型。

考虑到原始数据中包含高程点信息和等高线信息,建模过程中选择基于 TIN 的自然邻域插值法完成数字高程模型的生成。

3. 地形屏幕数字化构建方法

数字地形建立方法主要分两个步骤,分别为数字高程模型建立和数字地形建立。

(1)数字高程模型建立方法

①运用 ArcGIS 软件,对等高线数据进行矢量化,得到 GIS 数据;

②利用现有数据生成 TIN,主要包括点数据和线数据,其中点数据和线数据的属性表中必须包含高程信息字段,同时,将间断的等高线连接起来,对数据进行修改赋值;

③将点、线数据修改好之后,设置地理坐标系、投影坐标系;

④调用 ArcToolbox 工具箱中的三维分析工具,利用 ArcToolbox – 3D Analyst Tools – Data Management – TIN – Creat TIN 生成 TIN 数据;

⑤对生成的 TIN 数据进行检查,查找异常凸起陷落点,并加载等高线、等高点数据,对其高程值进行修正。

(2)数字地形系统建立

在 ArcScene 软件中使用 Add Data 命令将数字地形 TIN 文件和经过处理的遥感影像图导入;在目录内容列表中双击影像 tif 文件(tif 格式),出现"图层属性"对话框,选择卫星影像图的"基本高度"属性下"从表面获取的高程"信息栏,选择"在自定义表面上浮动"选项,并将对象链接到数字高程模型上,实现数字地形的快速构建。在"从要获取的高程"中,将"用于将图层高程值转换为场景单位的系数"进行调整,用以调整地形的夸张程度。同时通过调整渲染程度、光照条件来优化当前数字地形系统。

4. 高程模型优化方法

(1)误差来源

数字高程模型误差主要分为两类:一类是在对实际采样中所引起的原始数据中的误差,例如,地形图矢量化时扫描的误差和坐标转换的误差;另一类是数据重采样误差,重采样误差与高程点(独立的高程点和等高线上的点)和等高线的密度和分布有关。

(2)精度评估

数字高程模型的精度检查主要包含两方面内容:一方面是检查 DEM 起止点坐标的正确性;另一方面是检查 DEM 高程值的正确性。如果 DEM 起止点坐标和 DEM 高程值的误差过大则需要对 DEM 进行优化。

（3）优化方法

从误差源头出发，DEM 优化的方法主要有两类。

①降低地形表面采样时所引起的原始数据的误差。对原始地形数据采集仪器进行校正减小地形数据采集过程中的误差，对矢量化仪器校正减小地形图矢量化的误差等。

②降低重采样的误差。根据不同的前提条件，将内插法生成的数据与原始的数据进行比较，找出内插法的误差，选择合适的重采样方法；增加或减少高程点（独立的高程点和等高线上的点）和等高线的密度并优化高程点和等高线的分布。

4.1.2　数字地形数据源快速获取方法研究

松花江干流数字地形模型的建立是实现流凌演进三维可视化仿真的基础，其中数字地形模型包括河道数字地形模型、河岸两侧数字地形模型。河道数字地形模型为流凌演进数值模拟提供数据源，河岸两侧数字地形模型是三维全视景仿真场景构建的重要组成部分，针对数字地形模型的不同功能特点与要求，研究中给出了松花江干流研究区域三维数字地形模型快速建模方法。

GE 是一款由 Google 公司开发的虚拟地球软件，在一个地球三维模型上布置地理信息系统、卫星照片和航空照相。91 卫图助手软件是一款谷歌地球影像、历史影像、陆地高程、海洋高程、矢量路网的下载器，该软件实现了对谷歌地球数据传输协议的完全解译，支持全球任意尺度、任意幅面的海量数据高效率下载（包括陆地高程和海洋高程数据下载），以及生成等高线。在实际构建数字地形时，针对研究区域各个部分的实用价值和目标要求不同，根据使用规范不同，致使各个部分数字地形表现出不同的数字地形精度。

在研究区域三维数字地形构建过程中，考虑实际工作量及人力、物力的投入问题，结合仿真虚拟场景的实际要求，在获取数字地形构建所需的地形数据过程中，可采取有别于传统建立方法的地形整体精度一致的数据方式：以有简有繁、粗糙与精细相结合的原则，对实用价值高、精度要求高的研究区域，采用精细化的数字地形资料；对实用价值较低、精度要求相对不高的研究区域部分，采用精度相对低的数字地形数据。具体到松花江干流数字地形构建过程，河道数字地形数据因其将作为数值模拟数据源，使用大比例尺河床地形图作为数据源进行人工矢量化；河岸两侧数字地形因其仅作为三维全视景仿真场景，所以采用基于谷歌地球数据的数字地形快速获取建立方法对其进行数字地形构建。其技术路线图如图 4 - 1。

数字地形快速获取建立方法如下：

①根据数字地形功能不同，对区域精度需求进行分类，采用不同的数据源。

②仿真模拟区域，根据精度要求选择适合比例尺的地形图，使用屏幕数字化方法进行人工矢量化，转为矢量数据。

③场景展示区域，根据区域范围选择合适级别的高程数据，使用谷歌地球影像高程下载器下载高程数据。

④对下载的高程数据进行转换提取，将高程数据处理转为矢量数据。

⑤卫星影像图，对数字地形整体区域，下载最高级别影像数据。对影像进行裁剪拼接，并地理配准优化。

⑥高程矢量数据融合，利用融合后数据生成 TIN。

⑦对 TIN 和配准优化后的卫星影像进行融合，生成数字地形。

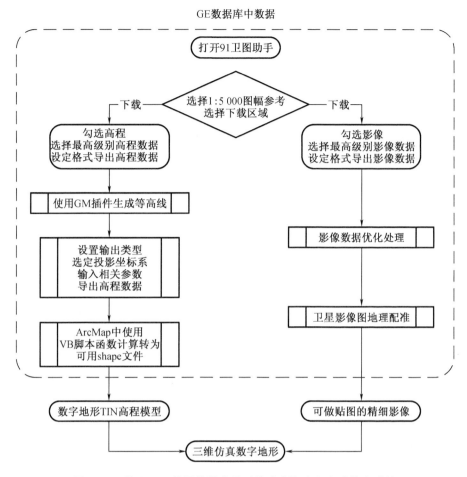

图 4-1　基于 GE 数据的数字地形快速获取建立方法技术路线

1. GE 的岸上数字地形获取方法

相比于纸质地形图屏幕数字化，从 GE 获取数据具有成本较低、数据获取快速的特征。为方便对数据进行批量处理，可使用脚本函数对数据进行提取。基于 GE 数据的数字地形快速获取构建方法如图 4-2 所示。

（1）研究区域高程数据获取方法

为了方便控制点选取及松花江干流研究区域河道地形图数据的查找，同时为使高程数据与影像数据完全匹配，在使用 91 卫图助手软件进行数据下载时，采用研究区域的标准图幅进行选择，并选择 1:5 000 比例尺显示研究区域的图幅及编号，然后根据图幅空间位置，拉框选取研究区域，选择高程下载类型，将当前数据类型选择为高程数据，最后将研究区域的高程数据设置为最高级别。

（2）等高线数据快速生成

对于下载完成的高程数据，选择工具栏下的生成等高线，按照生成要求选择高程文件，并确定等高距。为使数字地形更加精细化，选择合适的等高距，并在 Global Mapper 选项中加载 GM 软件作为生成等高线的插件，从而快速在 91 卫图软件中生成等高线数据。

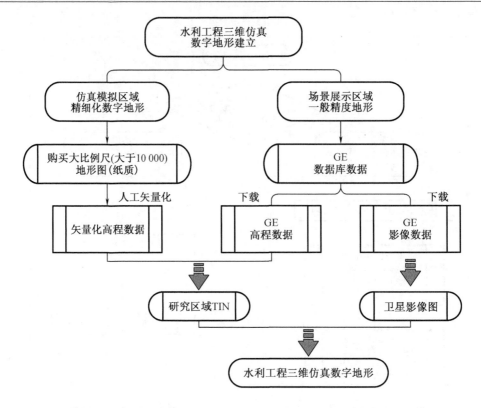

图 4-2　数字地形快速构建方法

（3）等高线数据导出

生成的等高线仅在软件中显示，并不能直接输出，所以选择保存矢量数据，选择输出图层，并根据需要的文件类型，选择相应的文件类型，选择合适的投影坐标系，在参数设置中输入投影参数和坐标转换参数求解值，确定导出数据。

（4）地形高程数据快速提取处理

对导出矢量数据进行处理。在属性列表中将标记要素字段信息强制转换，将矢量数据高程值进行自动赋值，生成可用于构建高程模型的 GIS 数据。

在 ArcGIS 软件中打开利用 91 卫图助手生成的高程矢量数据，发现对于导出的等高线矢量数据，仅有对等高线数据的标注要素，由于等高线 shape 文件的属性列表中没有高程值，所以在生成 TIN 等高线高程模型时无法直接利用该数据，故需要开展等高线数据提取，将标注要素赋值给等高线高程值。传统赋值方法为人工键入，不仅容易增加数据输入过程中出错的概率，还存在工作量大、耗时久、烦琐等问题。

针对等高线数据高程值缺失的问题，通过在 ArcGIS 软件对其属性列表处理，然后再使用 VB 脚本函数，将其强制转换数据类型，得到 height 列的高程值。基于此方法可将下载的 GE 高程数据转换为 ArcGIS 中可用的数据类型，从而生成 TIN 模型，即完成研究区段岸上数字地形的数据矢量化。

此方法相对于纸质地图的数字化，具有工作量小、节省时间的优势，地形精度由谷歌地球相应精度等级数据控制，相对大比例尺地形图精度略有差别，但对整体地形模型仍能有一定保障，可用于数字地形构建。

2. 基于纸质河床地形图的河道数字地形数据获取方法

基于纸质河床地形图的河道数字地形数据获取方法，是目前最普遍的地形图屏幕数字化方式。纸质地形图转换为 Geodatabase 数据需要进行扫描处理、空间校正、地理配准、矢量化处理及空间要素编辑，由于地形图本身的图片质量较高，且图中标注繁多，运用 ArcGIS 自带的 ArcScan 对纸质文件进行扫描矢量化处理容易出现大量错误，因此采用人工矢量化方法，如图 4 - 3 所示。基于纸质地形图的河道数字地形数据获取方法主要有以下几个步骤（以纸质河床地形图为例）。

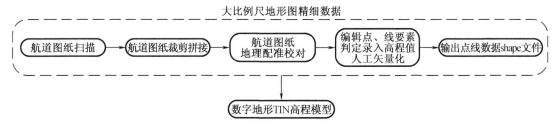

图 4 - 3　纸质大比例尺地形图地形数据获取方法

①图纸预处理。利用扫描仪将纸质河床地形图变为.tif 格式，获得扫描图像是分区域的，然后采用 ArcGIS 平台中的图片剪裁与拼接工具，调用 toolbox - spatial analyst tools - Extraction - Extractby mask 命令，选择要裁剪的文件，同时调用 ArcToolbox - Data Management Tools - Raster - Mosaic/Mosaic To New Raster 命令，可以完成有重叠部分的多幅扫描地形图的拼接。

②河床地形图校正及配准。在 ArcMap 软件中加载处理后图像，并不带有坐标系，可以通过 ArcMap - 图层 - 属性 - 地理坐标系操作设置坐标系统；在地理配准过程中，添加地理配准 Geo referencing 工具条，添加控制点，输入该点实际的坐标位置，在地理配准链接表中检查控制点残差，每项残差和总残差控制在 0.5 以内，对于残差较大的控制点，删除并重新选取，最终完成河床地形图的地理配准。

③空间数据编辑。添加线要素 shape 文件，定义属性为 polyline，打开 ArcMap 中的要素"编辑器"，创建"等高线"要素类，对河床地形图进行人工屏幕跟踪并根据高程点判读高程，输入对应高程信息，完成线数据的矢量化；对于点数据矢量化采用相同的方法，创建点要素 shape 文件，定义属性为 point，对河床地形图点要素进行编辑，最终将河道地形数据转换为 Geodatabase 带高程信息的高程点与等高线数据。

3. 卫星影像图获取及处理方法

利用 91 卫图助手对标准图幅下载，并按照 1:5 000 比例尺显示图幅及编号，选择 GE 影像。通过将影像级别设置为最高级，避免在下载高程数据与影像中因二次选择造成的数据不匹配问题，从而初步获取研究区段卫星影像图。

在实际操作的过程中，初步下载的卫星影像图将会出现以下两方面的缺点：一是卫星遥感影像图在拍摄时由于受到环境因素制约，易受太阳高度、大气折射等因素影响，导致影像出现部分扭曲、阴影覆盖和色差明显等现象；二是由于软件或其他原因，初步得到的卫星影像图和数字地形数据会出现偏差现象。因此，针对仿真场景效果的要求，对初步下载的卫星影像图进行美化、修正和地理配准，具体步骤如下。

①卫星影像图修复美化。使用 Photoshop 软件，加载卫星影像文件(.tif 文件)，分别使用图章、画笔等工具，对影像进行旋转、透视、扭曲处理，达到对卫星影像图进行修复及美化的目的。

②卫星影像图地理配准。因卫星影像图的地理坐标信息在处理过程中发生丢失,需赋予卫星影像图地理坐标信息。地理配准方式采用投影变换,对图像进行平移、旋转、缩放和倾斜等变换;在 ArcMap 软件中使用"添加控制点"命令添加适当数量的控制点并连接,逐个检查连接点残差,将残差值大于设定值的点删除并重新选择。

4.1.3 数字地形系统快速构建方法研究

基于松花江干流数字地形构建技术流程,提出适用于水利工程的数字地形快速构建方法,技术流程图见图4-4。

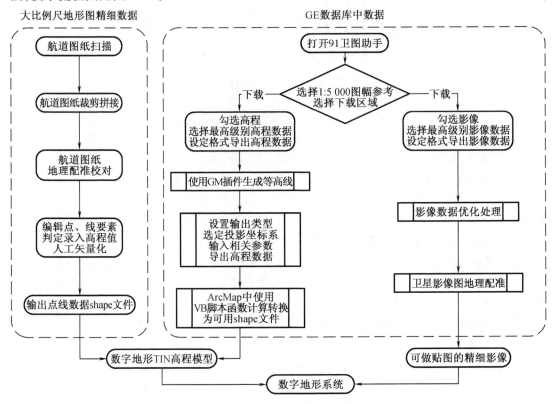

图4-4 水利工程数字地形快速构建技术流程图

根据研究目的,将数字地形整体分类,区分精度等级不同区域,该方法可将一定精度大量数据快速获取,减少了数据矢量化的工作量,降低了数据获取成本,节约数字地形构建时间,并能通过软件对矢量数据进行整体运算、参数转换、坐标转换,缩短了数据处理的时间。相比传统地形图屏幕数字化,该方法缩短了图纸获取、处理的时间,实现数字地形的快速构建。

(1)高程数据获取

①对于精度要求相对低的研究区域地形,采用基于 GE 的数据获取、转换、提取方式,通过选择区域,下载高程数据,使用脚本函数提取矢量数据标注要素作为高程值,得到点、线的 shape 矢量数据;

②对于精度相对高的使用纸质地形图,根据图纸精度,对其进行屏幕数字化,得到点、线的 shape 矢量数据;

③对矢量数据的空间坐标系进行转换,统一坐标,生成 TIN 对数据质量进行逆向检

查,查找数据质量。

（2）TIN 生成

①启用 ArcMap 软件,基于预处理后的数字地形数据,删除多余与错误的点、线数据,绘制添加辅助生成的折线与高程点,并打开"属性表"检查点、线高程,赋予新绘制的点、线正确高程;

②通过 ArcToolbox/3D Analyst 工具/数据管理/TIN/创建 TIN,选择生成 TIN 文件的文件名与保存位置,输入要素种类,将"高程字段"设置为 elev;

③最后通过改变符号系统,选择不同高程的配色方案,调整垂直方向的夸张度系数,设定标准差,创建数字高程模型。

（3）地理配准

①在 ArcMap 中添加辅助配准的.shp 文件以及待配准的卫星影像图,在.tif 文件图层中选择一个配准点,选择 TIN 文件图层,勾掉其他图层,将 TIN 文件图层"缩放至图层";

②选择参考点,完成一个点的配准,检查残差,若残差太大则重新选点配准;

③将配准好的.tif 文件进行导出保存。

（4）数字地形生成

①打开 ArcScene,添加需要的数据——配准后的 TIN 文件和卫星影像图;

②打开 TIN 文件的"图层属性",在"基本高度"选项卡下"从表面获取的高程"中选择"在自定义表面上浮动",并选择 TIN 文件,在"从要获取的高程"中,将"用于将图层高程值转换为场景单位的系数"进行调整,用以调整地形的夸张程度;

③添加 3D 效果,打开光照、调整栅格影像质量、照明度,生成松花江干流河道三维数字地形系统。

对于水利工程数字地形系统快速构建方法,其数字地形精度可得到一定保障,基于河床地形图的河道地形,其精度控制在图纸精度范围,基于 GE 数据的地形图精度控制在谷歌地球影像数据的级别精度内。以松花江干流数字地形为例,该地形河道数字地形精度为0.5 像元内,岸上数字地形精度为 0.82 像元。

4.1.4　松花江干流流凌演进区段三维数字地形系统构建

基于 MIKE21 软件数值模拟结果,建立 GIS 下的流凌演进仿真模拟系统,需要建立数字高程模型来弥补数值模拟结果的空间性的不足,从而也反映流凌演进模拟区域周边的地形地貌形态,确定流凌对地方破坏的空间具体位置,为决策者提供有效的技术参考,更好地辅助决策。将测量、遥感、平面地形矢量化等手段获得的地理信息数据,经过 GIS 中的 3D Analyst Tools 工具进行数据分析与处理后,建立研究区段的数字高程模型。

研究区域选取松花江佳木斯市汤原县敖其湾上游段,该段为典型河段,流域可视化仿真模拟主要目的是为堤防建筑物结构形式选取、航道整治分析、洪水分析、流凌演变分析等提供技术支持。需要精细化构建部分为河道范围内,其余河道以外区域精度要求较低且仅做三维场景展示,因此可选择 GE 数据为数据源。所提出的基于 GE 数据的数字地形数据快速获取方法,可以实现快速构建研究区段三维仿真数字地形系统的目的,整个数字地形系统构建过程主要分为以下几个步骤。

1. 松花江干流数字地形系统数据源获取

（1）基于 GE 的岸上高程数据获取方法

为了方便控制点选取以及松花江干流研究区域河道地形图数据的查找,同时为使高程数据与影像数据完全匹配,在使用91卫图助手软件进行数据下载时,采用研究区域的标准图幅进行选择,并选择1:5 000比例尺显示研究区域的图幅及编号,如图4-5所示;然后根据图幅空间位置,拉框选取研究区域,选择高程下载类型,将当前数据类型选择为高程数据,最后将研究区域的高程数据设置为最高级别16级,采样间距26.18 m,如图4-6所示。

图4-5　根据1:5 000标准图幅编号选择研究区域数据

(2)等高线数据快速生成

对于下载完成的高程数据,选择工具栏下的生成等高线,按照生成要求选择高程文件,并确定等高距。为使数字地形更加精细化,选择合适的等高距,并在Global Mapper选项中加载GM软件作为生成等高线的插件,从而快速在91卫图软件中生成等高线数据,生成的等高线数据如图4-7所示。

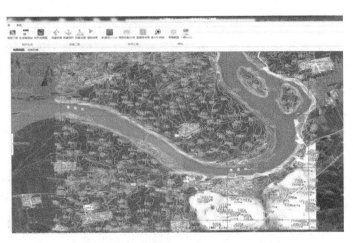

图4-6　岸上高程数据下载图　　　　图4-7　研究区域河岸生成的等高线数据

（3）等高线数据导出

生成的等高线数据仅在软件中显示，并不能直接输出，需要保存矢量数据，选择输出图层，并根据需要的文件类型，选择文件类型为 ERIS Shape，如图4-8所示，选择北京54坐标系高斯投影。使用堤防建筑物建设控制点进行参数求解，在参数设置中输入投影参数，再输入使用控制点计算出的坐标转换参数，确定导出数据，如图4-9所示。

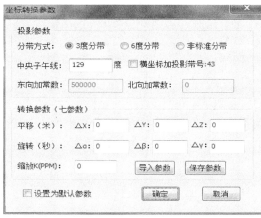

图4-8　选择输出矢量数据格式图　　　　图4-9　坐标转换参数设置界面

（4）地形高程数据快速提取处理

在 ArcGIS 软件中打开利用91卫图助手生成的高程矢量数据，发现对于导出的等高线矢量数据，仅有对等高线数据的标注要素，等高线 shape 文件的属性列表中没有高程值，所以在生成 TIN 等高线高程模型时无法直接利用该数据，如图4-10所示。因此需要开展等高线数据提取，将标注要素赋值给等高线高程值。传统赋值方法为人工键入，不仅容易增加数据输入过程中出错的概率，还存在工作量大、耗时久、烦琐等问题。

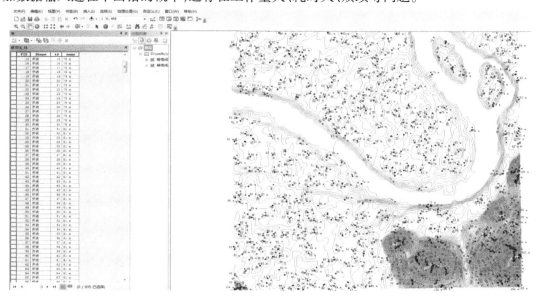

图4-10　仅显示标注要素的等高线数据

针对等高线数据中点、线高程值缺失的问题，通过 ArcGIS 软件对其属性列表进行处理。

在属性列表中添加字段,考虑数据长度问题,字段类型选择双精度,对齐命名并确定生成新的数据列,并采用同样方法再次生成数据列。对第 elev 列使用字段计算器,利用 VB 脚本 Mid 函数,提取 name 列值,然后再使用 VB 脚本 Clng 函数,将其强制转换数据类型,得到 height 列的高程值,利用此方法分别对点、线数据进行处理,如图 4-11 和图 4-12 所示。

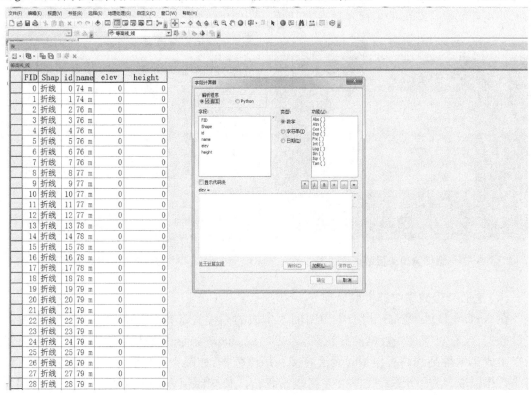

图 4-11 对标注要素 name 列值利用 VB 脚本计算

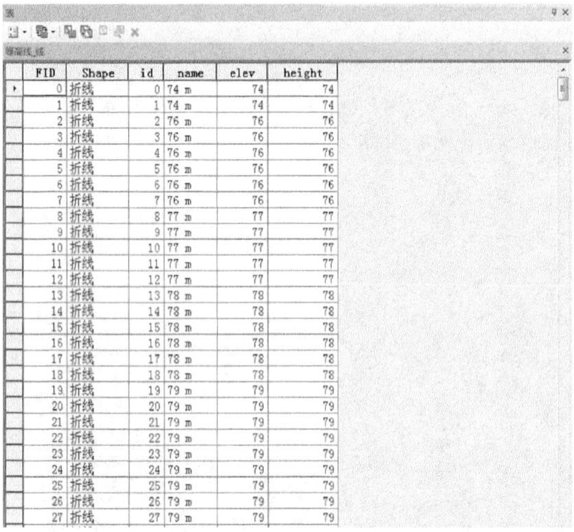

| | (a) | 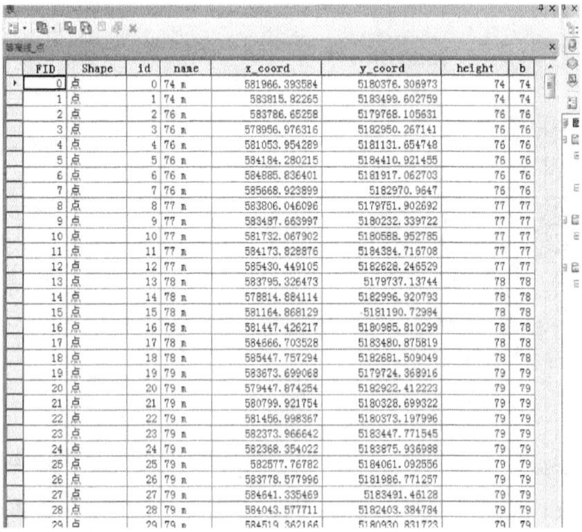 | (b) |

图 4-12 提取后含高程值的线数据和点数据属性列表

基于此方法可将下载的 GE 高程数据转换为 ArcGIS 中可用的数据类型,从而生成 TIN

模型,即完成研究区段岸上数字地形的数据矢量化,如图 4 – 13 所示。相比纸质地形图矢量化,该方法极大缩短了数据处理时间。

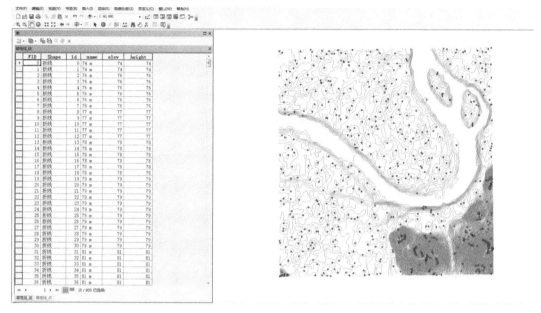

图 4 – 13　基于 GE 数据得到的等高线矢量化数据

河道地形是数值模拟数据源,为尽量提高其精度,将纸质河床地形图(1:5 000)矢量化。使用纸质地形图可以将精度控制在纸质河床地形图的精度范围。根据所选取研究区段位置,获得研究区段图纸松花江依佳河段五股流段(380 ~ 410 km)河床地形图和松花江依佳河段莲花口段(410 ~ 439 km)河床地形图大比例尺图纸作为河道地形数据源。

纸质版河床地形图转换为 Geodatabase 数据需要进行扫描处理、空间校正、地理配准、矢量化处理及空间要素编辑,由于地形图本身的图片质量较高,且图中标注繁多,运用 ArcGIS 自带的 ArcScan 对纸质文件进行扫描矢量化处理容易出现大量错误,因此采用人工矢量化方法。基于纸质河床地形图的河道数字地形数据获取方法主要有以下几个步骤。

①图纸预处理。利用扫描仪将纸质河床地形图变为. tif 格式,获得扫描图像是分区域的,然后采用 ArcGIS 平台中图片剪裁与拼接工具,调用 toolbox – spatial analyst tools – Extraction – Extractby mask 命令,选择要裁剪的文件,同时调用 ArcToolbox – Data Management Tools – Raster – Mosaic/Mosaic To New Raster 命令,可以完成有重叠部分的多幅扫描地形图的拼接,如图 4 – 14 所示。

②河床地形图校正及配准。在 ArcMap 软件中加载处理后图像,并不带有坐标系,可以通过 ArcMap – 图层 – 属性 – 地理坐标系操作设置坐标系统;在地理配准过程中,添加地理配准 Geo referencing 工具条,添加控制点,输入该点实际的坐标位置,在地理配准链接表中检查控制点残差,每项残差和总残差控制在 0.5 以内,对于残差大的控制点,删除并重新选取,最终完成河床地形图的地理配准。

③空间数据编辑。添加线要素 shape 文件,定义属性为 polyline,打开 ArcMap 中的要素"编辑器",创建"等高线"要素类,对河床地形图进行人工屏幕跟踪并根据高程点判读高程,输入对应高程信息,完成线数据的矢量化,如图 4 – 15 所示;对于点数据矢量化采用相同的

方法,创建点要素 shape 文件,定义属性为 point,对河床地形图点要素进行编辑,完成点数据矢量化,如图 4-16 所示;最终将河道地形数据转换为 Geodatabase 带高程信息的高程点与等高线数据,如图 4-17 所示。基于预处理后的数字地形数据,删除多余错误的点、线数据,并打开"属性表"检查点、线高程,赋予新绘制的点、线正确高程。

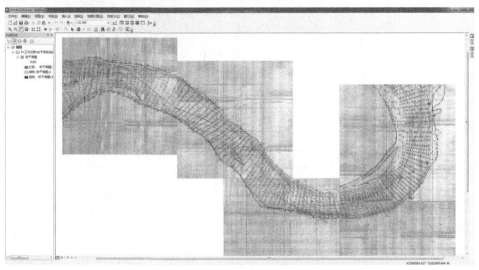

图 4-14   拼接完成的河床地形图

图 4-15   矢量化河道线数据图

图 4-16   矢量化河道点数据图

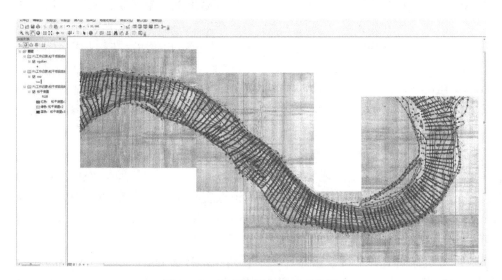

图 4-17   矢量化的河道地形数据

2.松花江干流数字地形构建

数字地形系统建立方法主要分两个步骤,分别为数字高程模型建立和数字地形建立。

(1)数字高程模型建立

①运用 ArcGIS 软件,分别加载基于 GE 数据和纸质河床地形图矢量化数据得到的相对粗糙的岸上地形数据和精细河道地形数据,如图 4-18 所示。

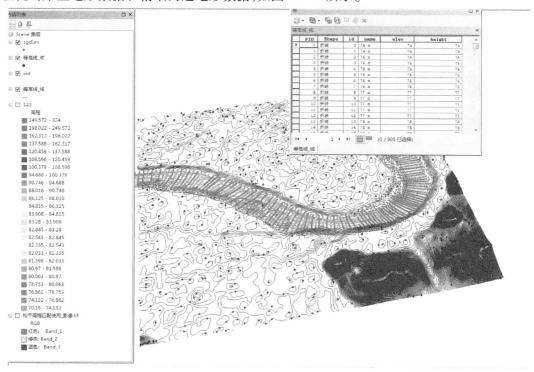

图 4-18　融合后的等高线地形数据

②将点、线数据修改好之后,设置地理坐标系为北京 54,投影坐标系为高斯克吕格中的"Beijing 54 3 Degree GK Zone 43";使用堤防建筑物控制点,校正高程误差。利用将岸上地形数据和河道地形数据坐标系进行转换,统一平面投影坐标系和高程系,完成数据融合,如图 4-18 所示。

③利用融合的高程数据 shape 文件生成 TIN,如图 4-19 所示。通过更改配色方案,显示具有分级带色表面高程,达到突出高程显示的目的,并将高程值进行几何间隔分类后选择相应配色方案,有助于高程值检查,并加载点、线数据,如图 4-20 所示;检查数据质量,寻找异常凸起陷落点,并查找节点、弧段、多边形等表达错误,对其进行人工修正。

④对融合修正后的数据,调用 ArcToolbox 工具箱中的三维分析工具,利用 ArcToolbox-3D Analyst Tools-Data Management-TIN-Creat TIN 生成 TIN 数据,选择生成 TIN 文件的文件名与保存位置,输入要素种类,将"高程字段"设置为 elev,如图 4-21 和图 4-22 所示。

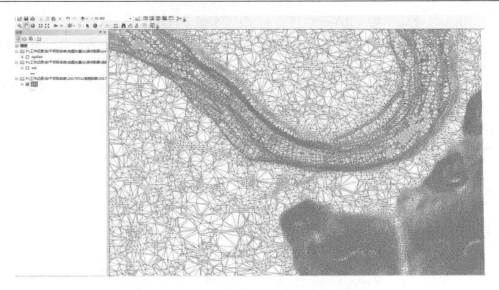

图 4 - 19　融合的高程数据 shape 文件生成的 TIN

图 4 - 20　加载点、线数据的 TIN 模型

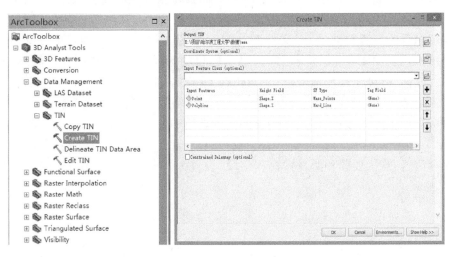

图 4 - 21　TIN 命令图　　　　　**图 4 - 22　TIN 生成**

最后通过改变符号系统,选择不同高程的配色方案,调整垂直方向的夸张度系数,设定标准差,创建松花江干流研究区段数字高程模型,如图 4 – 23 所示。数字高程模型在地理配准时每项每个控制点残差控制在 0.5 以下,采用三阶多项式变换,总误差控制在 0.5 像元以内,使水平误差满足研究区域精度需要。

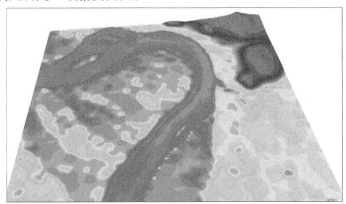

图 4 – 23　研究区段数字高程模型

(2)数字地形系统建立

①打开 ArcScene,添加需要的数据——配准后的 TIN 文件和卫星影像图;

②打开 TIN 文件的"图层属性",在"基本高度"选项卡下"从表面获取的高程"中选择"在自定义表面上浮动",并选择 TIN 文件,在"从要获取的高程"中,调整"用于将图层高程值转换为场景单位的系数"选项,用以改变地形的夸张程度;

③添加 3D 效果,打开光照、调整栅格影像质量、照明度,生成松花江干流河道三维数字地形系统。

在 ArcScene 软件中使用 Add Data 命令将数字地形 TIN 文件和经过处理的遥感影像图导入;在目录内容列表中双击影像.tif 文件,出现"图层属性"对话框,选择卫星影像图的"基本高度"属性下"从表面获取的高程"信息栏,选择"在自定义表面上浮动"选项,并将对象链接到数字高程模型上,实现数字地形的快速构建。同时通过调整渲染程度、光照条件,优化当前数字地形系统。最终得到研究区段三维数字地形,如图 4 – 24 所示。

图 4 – 24　研究区段三维数字地形

4.2 三维全视景仿真集成构建方法研究

堤防工程建筑物三维模型的精准建模是三维全视景仿真的关键步骤之一,也是三维全视景的重要组成部分。针对建模平台的选取、堤防工程模型构建及优化问题开展研究,并基于数字地形系统与堤防工程建筑物模型,建立松花江干流流凌演进三维可视化场景。

4.2.1 建模平台选取

目前,三维建模软件可供选择的很多,比较常用的有 3ds Max、Sketch Up 和 Maya 等,每个建模软件的特点总结如下。

(1)3ds Max 软件

3D Studio Max,常简称 3ds Max,该软件是由 Autodesk 公司旗下的 Discreet 公司开发的基于 PC 系统的建模、动画和渲染的三维动画软件,可完成大多数基本模型的建模和动画的创建等独特的造型设计需要。在具体应用方面,3ds Max 拥有较多的专业插件,可以做出很好的渲染效果,真实的模拟现实场景,不仅可以应用于游戏、动漫等动画制作领域,在各种效果图制作等施工领域也获得了广泛的应用。

(2)Sketch Up 软件

Sketch Up 又称"草图大师",是 Google 公司开发的一款面向设计方案创作过程的三维设计软件。它可以完成大多数基本建筑物模型的构建,是三维建筑设计方案创作的优秀工具。使用简便,快速上手是 Sketch Up 最大的特点,独特简洁的界面和独特的任意拉伸建模方式,使得设计者无须进行复杂的三维建模,通过一个图形就可以方便地生成三维几何体。Sketch Up 在建筑、规划、园林、景观、室内,以及工业设计等领域得到了广泛应用。

(3)Maya 软件

Maya 软件一般指 Autodesk Maya,属于美国 Autodesk 公司出品的顶级三维动画软件,主要应用于影视广告、角色动画、电影特效等,具有功能完善、工作灵活、易学易用、制作效率高、渲染能力强的特点。Maya 软件的功能不仅局限于普通三维视觉效果制作,还可兼容先进的建模、数字化布料模拟和运动匹配等技术。

Maya 软件工作效率高,处理数据的能力强,并且拥有最先进的动画及数字效果技术,但较难上手且价格昂贵;Sketch Up 软件界面简洁,容易上手,但对于具体模型的细节描绘程度不够;3ds Max 软件相对于 Maya 软件工作界面简单,容易上手,建造模型的精确度比 Sketch Up 软件高;3ds Max 软件建造的模型数据格式可在多软件间无缝使用,与其他软件兼容性好。

上述三维建模软件对比分析,如表 4-2 所示。

表 4-2 三维建模软件对比分析

软件名称	优 点	缺 点
3ds Max	1. 多边形建模功能强大,兼容性好 2. 工作界面简洁,支持多处理器并行运算,容易上手 3. 插件丰富,模型数据格式可在多软件间无缝使用	1. 手工建模,不能批量建模 2. 工作量大,工作效率低

表 4 - 2（续）

软件名称	优　　点	缺　　点
Sketch Up	1. 界面简洁,容易上手,与其他软件的兼容性好 2. 建模快速,还可进行光照分析,应用广泛 3. 自带材质库和组件库	模型精细度不高
Maya	1. 拥有最先进的动画及数字效果技术 2. 工作效率高,处理数据的能力强 3. 拥有建模领域方面最全面的数据集	1. 软件操作复杂,较难上手 2. 价格昂贵

　　为了更准确地分析比较,现将三款软件的兼容性与建模效率等方面进行列表分析,结果如表 4 - 3 所示。

表 4 - 3　三维建模软件功能优劣对比分析

软件名称	操作难度	兼容性	精细度	准确性	建模效率	成本
3ds Max	小	高	高	高	低	低
Sketch Up	小	较低	低	低	高	低
Maya	大	高	高	高	中	高

　　由表 4 - 3 可知:3ds Max 除了建模效率偏低,在兼容性、精细度、准确性方面表现突出,且操作难度小、开发成本低。Sketch Up 操作难度较小、建模效率高、成本低,但是其兼容性、模型精细度和准确性偏低;Maya 作为当前最先进的建模平台,在兼容性、精细度和准确性上较高,但是软件操作难度大且成本偏高。

　　综上所述,3ds Max 软件平台优于其他平台,本书选择 3ds Max 作为堤防工程建模平台。

4.2.2　堤防工程三维模型构建方法研究

1. 堤防工程三维模型建模

　　针对堤防水工建筑物特点,基于堤防工程的总布置图与水工结构施工图等,采用 CAD 实体特征建模技术和参数化实体建模方法,选用 3ds Max 建模软件作为三维建模工具,参数化人机交互式建立堤防水工建筑物模型。考虑堤防水工建筑物相对于松花江干流河道数字地形,模型长度显著大于其他方面维度,且无地基、底面高程变化,如果以原尺寸模型融合到数字地形中,在松花江干流凌演进模拟全视景中难以展示水工建筑物模型,可以选择在布局放缩建模,加大模型纵向尺度的建模思路。具体建模步骤如下。

　　①考虑到堤防建筑物模型复杂,空间维度不平衡,将沿松花江干流研究区段岸边堤防工程分段建模,逐段进行简单模型建模,从而降低建模难度,如图 4 - 25 所示。

　　②启用 CAD 2007,处理设计图纸中包含的众多冗余数据,如标注线、标注数据、纹理线等,需对设计图纸进行优化,提取建模所需数据。在 CAD 窗口界面中,选择性删除多余线条与文字注释信息等。电子图纸处理完成后,将处理好的二维设计图纸导入 3ds Max 中,在软件中对建筑物的轮廓线等属性数据进行提取,如图 4 - 26 所示。

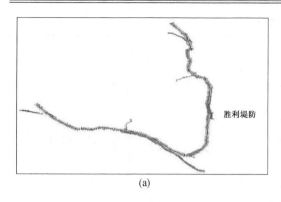
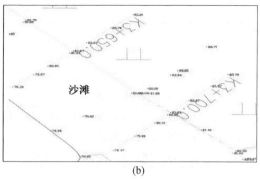

(a) (b)

图 4 - 25　模型简化示意图

(a)堤防位置总布局图;(b)堤防平面图

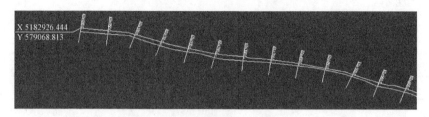

图 4 - 26　删除处理后的设计图

③预处理后的设计图纸包括建模所需的内外部轮廓线和关键尺寸等参数,运用导入功能将参数导入 3ds Max;然后在 3ds Max 软件中先进行挤压、拉伸、可编辑多边形等简单操作,再使用布尔运算、放样等修改器进行编辑,建立简单模型,并处理其内部结构,流程如图 4 - 27 和图 4 - 28 所示。

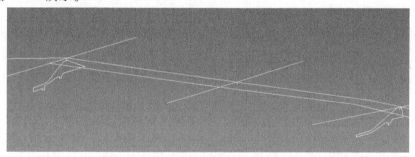

图 4 - 27　堤防模型轴线图

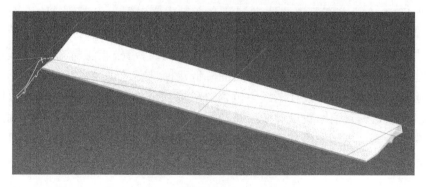

图 4 - 28　简单堤防实体模型

④将挤出的几何体转换为可编辑多边形,进入几何体的"点"层级,选择未挤出一端的截面各点,将其移动到参考截面的对应各位置,并进行适当调整,使其与参考截面重合,如图 4 – 29 和图 4 – 30 所示。

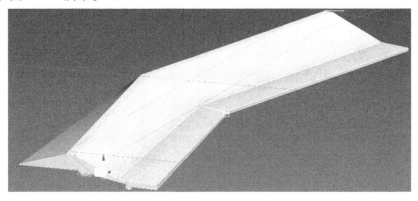

图 4 – 29　挤出弯转出模型

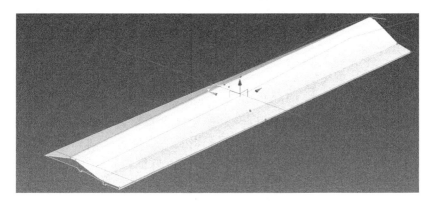

图 4 – 30　拉伸生成模型

⑤调用 3ds Max,将简单模型整合、拼接为整段堤防工程模型,完成松花江干流研究区段堤防水工建筑物的参数化实体建模,如图 4 – 31 所示。

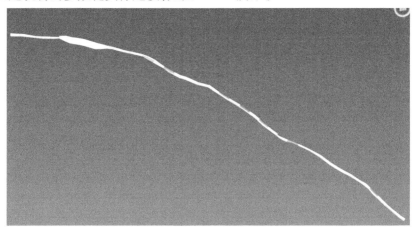

图 4 – 31　整体模型布置图

⑥根据堤防工程电子图纸对模型进行校验,检查整体模型的准确性与完整性,如果所建模型与堤防工程布置图与施工图符合,则输出.obj格式模型;如果模型与设计图纸不符合,重复上述步骤对模型进行修改,直至模型符合。

2.堤防工程模型优化

通过3ds Max软件完成对堤防工程的三维几何建模后,堤防工程三维模型并不能完全达到可视化要求。为使堤防工程建筑物满足可视化要求,参照建筑物实体结构,综合设计图纸内容,并基于纹理映射技术,完成堤防工程三维模型真实性的优化处理。对模型优化需要如下步骤:

①根据需要,从专业制图软件进行绘制、现场拍照获取和网络图库下载三个方面获取纹理图片。在Photoshop中对纹理图片通过旋转、扭曲、透视和图章工具等操作进行优化。

②在3ds Max中对三维模型实现纹理映射,通过3ds Max中的材质编辑器,根据实际编辑需求对材质球的参数进行设置和修改,并将材质球的纹理贴赋予堤防工程模型。

③根据已建成真实堤防工程建筑物实际图像资料,检查上述步骤②处理得到的模型,若与实际情况不符,则重复上述步骤,进行细部修改,直至符合要求。此时选择输出堤防工程的.obj格式模型,至此完成堤防工程三维模型构建。

4.2.3 研究区段三维全视景集成构建方法研究

研究区域三维全视景场景是流凌演进仿真模拟可视化的基础,利用Esri CityEngine软件对GIS数据完美兼容的优势,通过Esri CityEngine进行三维全视景场景的搭建,建立基于GIS理论、3ds Max和Esri CityEngine的研究区段三维全视景集成构建方法。

Esri CityEngine是城市三维建模软件。可利用二维数据作为数据源高效创建三维场景,并可进行快速的规划设计。Esri CityEngine对ArcGIS数据可实现完美兼容,使得基础GIS数据并不需要转换就能实现快速三维建模,缩短三维GIS系统的开发时间。该软件可以实现对城市布局进行创建和修改的快速操作。软件独有的模型增长功能有助于设计人员对城市布局的修改。直观的编辑工具可实现城市道路、街区的快速设计绘制,起到辅助设计建模的作用。可视化的参数接口设置,可提供可视化的、交互的对象属性参数修改面板,实现修改调整结果的即时呈现。

建立松花江干流三维全视景平台是松花江干流流凌演进仿真模拟的基础平台,需对松花江干流区域场景进行三维可视化仿真模拟。依托ArcGIS平台对松花江干流研究区域及其周边区域进行三维可视化描述,便于人们从三维视角对其中的各个环节及事件进行观察、模拟、分析和操作,共享松花江干流研究区域及其周边的各种地形、地貌信息及堤防工程信息。

1.数字地形与堤防工程模型集成方法

数字地形和堤防工程建筑物模型建模完毕后,并不能实现完美匹配。全视景场景中会出现部分区域的数字地形与堤防工程建筑物高程不符,出现堤防建筑物在数字地形上悬空或陷入地形内部的情况,不能够真实地反映松花江干流研究区域数字地形与堤防模型融合后的真实场景。同时数字建筑物还可能会出现部分位置错位的情况。为此需对堤防建筑物模型进行全视景融合处理,以集成为整个三维场景。这一过程主要步骤包括:按照地形中高清影像的相应平面位置摆放数字建筑物;对集成的场景进行修正优化;对光照角度及太阳高度进行调整并根据需求进行一定比例的夸张显示。具体集成方法如下:

①配准堤防布置图。对堤防布置图进行地理配准操作,配准方式选用坐标映射的方法。具体操作与卫星影像图配准操作一致,赋予堤防布置图相应的地理坐标信息,为模型地理信息提取奠定基础。

②绘制堤防工程模型 shape 文件。在 ArcMap 软件中,调用地理数据资源管理器创建面 shape 文件;然后利用编辑命令和创造特性命令,严格遵从工程平面布置图中的各个部分建筑物的外轮廓,绘制堤防工程轮廓面 shape 文件,完成各模型地理坐标信息的提取。

③赋予三维模型地理坐标信息。将上述操作后完成的堤防轮廓面 shape 文件和之前建立的三维水工建筑物模型同时导入 Esri CityEngine 的相应工作文件夹下,并在 Esri CityEngine 中调用 shape 文件。建立一个新的工作场景,基于. obj 三维模型,通过代码实现新 cga 模型规则的创建,并将其与导入 shape 文件融合,赋予其地理坐标信息,导出格式为. gdb 的三维水工建筑物模型,完成带有地理坐标信息的松花江干流堤防工程模型。

④场景融合。利用 ArcScene 加载上文得到的松花江干流数字地形和. gdb 格式的堤防水工建筑物模型,完成松花江干流可视化场景融合。

三维数字地形与堤防建筑物模型全景融合效果如图 4 - 32、图 4 - 33 所示。

2. 研究区段三维场景优化方法

集成后的三维场景还需对场景的融合度与显示进行优化,具体步骤如下:

①在 ArcSence 软件中,先将三维数字地形模型导入,再将带有地理坐标信息的松花江干流堤防工程建筑物模型进行导入;

②完成数字地形与三维模型的初步融合,细致检查融合情况;

③对于查找出的不契合的位置,人工对其进行修正,手动调整高程和夸张度等相关参数,使堤防模型与数字地形融合;

④对场景整体显示的参数进行调整,增强栅格质量,添加照明度等。

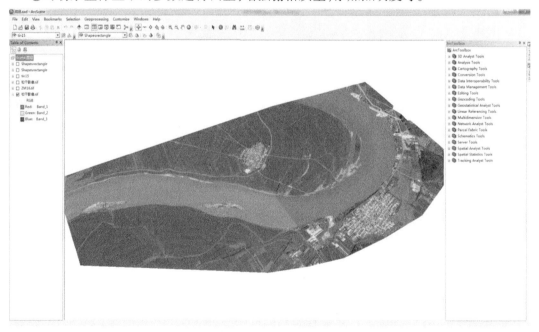

图 4 - 32　三维数字地形示意图

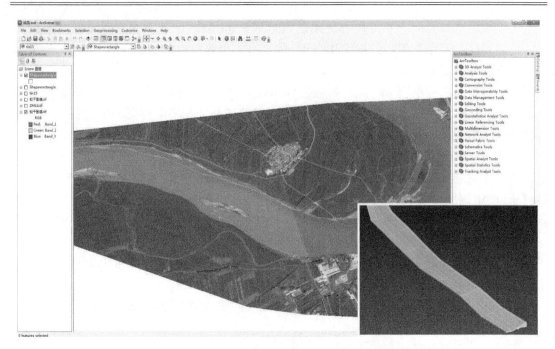

图 4 – 33   三维地形与堤防建筑物融合示意图

4.3   面向可视化的数据提取方法研究

4.3.1   多系统异坐标系下的数据耦合

MIKE21 软件计算获得的数值模拟结果可以在 MIKE view 中进行三维展示,根据不同类型计算结果展示需要调用不同的模块,其中包括二维信息、表格、视频等,但是其对流凌演进的三维模拟场景的搭建及可视化表达能力有限。因此 MIKE21 软件自带显示模块在结果可视化方面具有一定的局限,也造成了结果数据查询的不便。为了将流凌演进数值模拟结果、三维全视景场景等信息同时在 GIS 系统下集成显示,需要将计算得到的数据格式转换成面向可视化平台上展示的数据类型。

不同项目的模拟结果,面向 GIS 平台可视化的数据提取主要包括两大部分:三维场景中虚拟流凌演进水位等值线图、流场速度矢量图、沉积密度图、运动轨迹图等二维平面结果图片的提取;堤防维护等位置断面的水位、流量、流速等数值数据表格的提取。在 MIKE21 软件中有直接调用的模块进行图片与表格数据的提取,但是对于三维虚拟场景中流凌演进水面数据、粒子分布的提取方法、数据结构转换及处理方法较为困难。

根据流凌演进可视化要求,需要将 MIKE21 流凌演进数据转换为 ArcGIS 所能识别的格式,在处理过程中需要把数值模拟结果进行提取,将 MIKE21 计算结果的. dfsu 格式文件通过 Data Extraction 模块,按照时间轴驱动机制进行提取,并通过 Grid Series 模块转换为. dfs2 数据。dfs2 文件即网格序列或面序列文件,其包含静态条目与具有二维空间轴的动态条目,所有值均为瞬时值。dfs2 文件中的值是基于单元格的,定义为单元格中心的值,使用其在投影坐标系中的坐标来定义原点值,如图 4 - 34 所示。

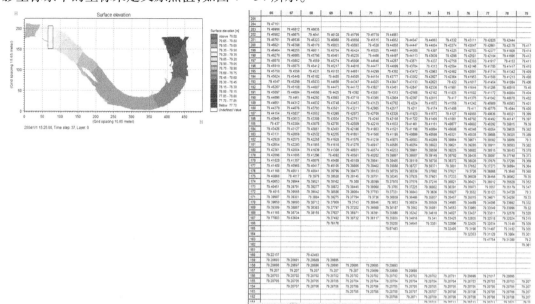

图 4 - 34 .dfs2 数据结构示意图

通过.dfs2 结构数据改变数值模拟前的网格划分,将研究区域的存储单元由不均匀的三角形和四边形混合网格全部改为大小均一的矩形单元,按照存储单元的结构和数量对计算结果重新进行采样与插值。值得特别注意的是,当 ArcGIS 对存储单元的定义为正方形结构时,其 j 向量与 k 向量必须等大,因此为保证转换数据在 ArcGIS 中正确显示,在 MIKE 结果转换时需将存储单元设置为正方形个体。

MIKE 具有 ASCII 格式文件转换接口,ArcGIS 软件也可以运用 ASCII 格式文件,并将其转化为 GIS 平台下的多种可视化格式数据。因此可以调用 MIKE zero 中 GIS 工具的 MIKE2GRD 模块将处理获得的.dfs2 文件结果转换为 ASCII 格式。通过 ArcGIS 中的 ASCII To Raster 转换功能,使用 ArcGIS 平台提供的 ArcToolbox 工具箱,添加 ASCII 源文件、修改生成的 raster 文件名、修改输出数据类型,手动进行文件转换。ASCII 格式数据导入界面如图 4 - 35 所示。

在 ArcMap 下导入 ASCII 格式数据之后,在相同地理坐标系下,原有的 ASCII 格式数据与数字地形并不吻合。利用 ArcMap 工具条下的地理配准工具,首先通过编辑器选择 ASCII 格式数据上的一点,利用 GIS 辅助工具,放缩当前视图查询数字地形,选择数字地形上的任何一点,弹出地理配准链接窗体,修改地理配准链接中 X,Y 源的坐标,根据 MIKE21 中地理坐标偏移情况,其中 Longitude = 43 578 352.00;Latitude = 5 179 627.50,对起始点的坐标设置为 $X = 0,Y = 0$;对于终结点的坐标设置为 $X = 43 578 352.00,Y = 5 179 627.50$,通过设置地理坐标偏移量,实现 ASCII 格式数据与数字地形的无缝耦合。如图 4 - 36 ASCII 格式数据地理配准所示。

对于地理配准的 ASCII 格式数据,利用 ASCII To Raster 转换功能,保持默认设置,修改文件类型等相关设置,将 ASCII 数据转换为栅格数据(.tif)。为了更好体现流凌演进机理,使全视景仿真场景更逼真、形象,可以通过改变栅格文件颜色配比,多层次、多角度、多方向模拟流凌演进数值模拟可视化结果,如图 4 – 37 Raster 格式数据后处理结果。

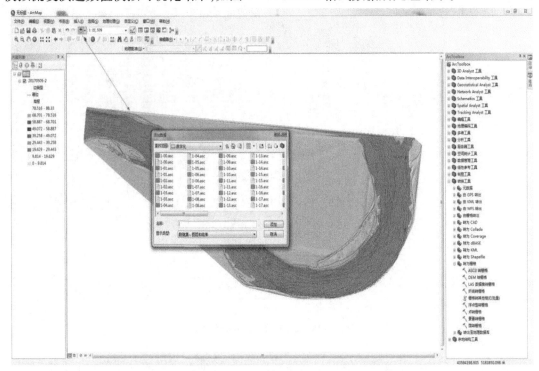

图 4 – 35 ASCII 格式数据导入

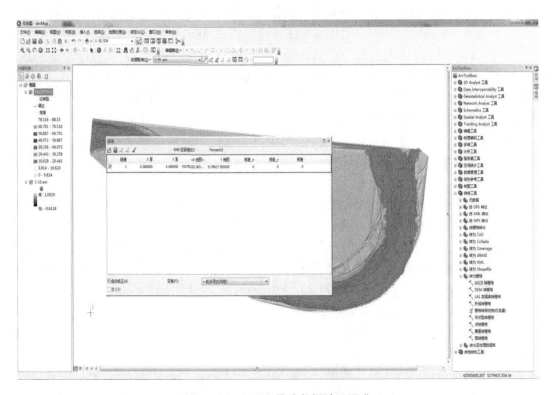

图 4 – 36 ASCII 格式数据地理配准

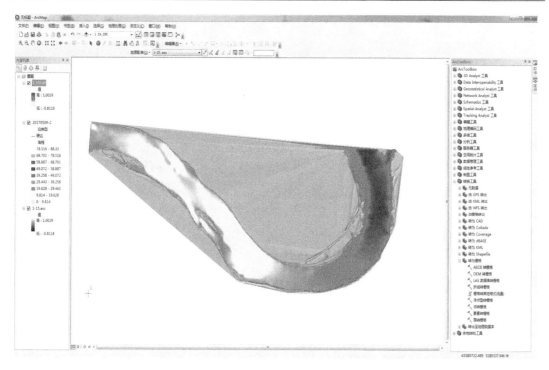

图 4 - 37　ASCII 格式数据转换为 Raster 格式数据

4.3.2　三维可视化展示

结合 ArcGIS 地理信息系统将 MIKE21 数据转换为三维可视化数据,更方便直观地展示,并保留了数据的完整性。图 4 - 38 为在 GIS 中展示的粒子运动轨迹为周围地形卫星图的融化展示,粒子运动的二维直观展示如图 4 - 39 所示。

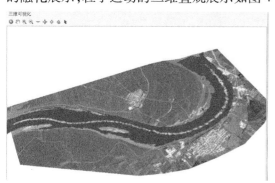

图 4 - 38　流凌运动轨迹三维可视化模拟

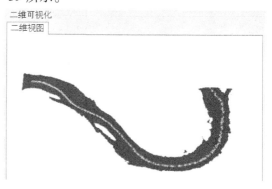

图 4 - 39　流凌运动轨迹二维视图

4.4 基于数值模拟结果的流凌演进可视化方法研究

基于 GIS 二次组件式开发和三维动态可视化仿真技术,利用 Visual Studio 平台,搭建流凌演进仿真模拟系统框架,融合研究区段三维全视景集成场景与流凌演进数值模拟可视化数据,通过 Visual C# 4.0 编程语言,开发系统相关功能,研究基于数值模拟结果的流凌演进全视景集成可视化方法,完成松花江干流流凌演进全视景仿真系统的开发。

4.4.1 可视化仿真系统基本理论

1. 组件式 GIS 理论

在信息高度共享化的今天,GIS 的二次开发已经成为一种潮流。但是传统的 GIS 二次开发具有开发语言单一且难以掌握,软件难以集成和开发软硬件要求高、负担重的特点,这些都极大地限制了 GIS 的发展。针对传统 GIS 开发的局限性,一种新的 GIS 开发理念和方式被提出来——组件式 GIS。

组件式 GIS 是面向对象的组件式软件开发方式在 GIS 中的推广应用,该方式克服了传统 GIS 开发语言单一的缺点,具有开发语言多样性、软件开发易集成性、开发对象多样性等优点,组件式 GIS 的开发抛弃了传统的 GIS 语言,开发人员可针对具体的需求和不同的研究对象,选择特定的 GIS 功能和工具开发并实现,以插件或组件的形式完成集成,极大地减小了开发难度、缩短了开发周期、降低了开发成本,同时又具有更高的灵活性。

组件式 GIS 开发具有以下优点:

(1)高效性

从 GIS 的开发到新系统的建立,需完成 GIS 空间数据、系统模块功能和应用对象数据模型的集成,集成的方案具有多种,其决定了系统的效率和适用的广泛性。传统的 GIS 集成模式,都具有不可忽视的缺陷(如表 4-4 所示),应用模型访问 GIS 数据的方式都是间接性的或者是只能简单访问,这就使得开发完成的系统效率低下,造成了极大的资源浪费。

组件式 GIS 开发是基于 GIS 平台,针对不同的应用模型,选择常见的通用开发环境(如 visio basic 等),通过插件或组件的嵌入形式,实现不同的功能,从而避免了开发过程中对专业语言的依赖,增加了开发语言的通用性;同时,实现了 GIS 数据和应用模型的"直接对话",极大地提高了系统的效率。

(2)开发简易性

由于组件式 GIS 的开发环境具有多样性和通用性,其开发语言就避开了 GIS 专业二次开发语言的限制,使得开发语言也具备了通用性和多样性,因此,降低了对开发者的要求,使得 GIS 开发具备简易性。

(3)低成本性

组件式 GIS 提高了系统的效率、降低了开发的难度,因此降低了集成系统的开发成本和运营成本,从而使得组件式 GIS 开发具有低成本性。

表 4 - 4　传统 GIS 开发系统集成模式统计表

模 式	集 成 方 法	缺 陷
一	建立中间文件格式,通过文件存取的方式建立 GIS 与应用对象模型通道	不适用于频繁的数据交换,系统整合性差、运行速度低,造成资源浪费
二	使用 GIS 提供的专门的二次开发语言编制应用模型	开发语言不易掌握,且适用性窄
三	使用高级专业程序设计语言开发系统,直接访问 GIS 内部数据	开发专业性高、难度大,不易掌握
四	通过动态数据交换建立与应用模型之间的快速通信	GIS 数据和应用模型是分离的,系统运行速度慢

2. 基于 GIS 的流凌演进三维动态仿真方法

流凌演进三维动态仿真是基于 GIS 的三维动态演示,在水工建筑物和数字地形融合的三维场景下,采用"全程仿真钟"的方法,利用 AE 二次开发工具,加载不同时刻的流凌演进水深、流速、水位要素模型的系统动态仿真信息,包括淹没历时和对应不同时刻的流凌演进水深、流速、水位要素属性信息等,实现任意时刻下三维场景及洪水淹没要素模型耦合状态再现。基于 GIS 中生成的洪水淹没变化子模型 i 对应任意时刻的面貌 $W_i(t)$,以流凌演进仿真数据映射到相应的图元对象,则 t 时刻的流凌演进过程瞬态影像可表示为 $W(t) = \sum_{i=1}^{n} W_i(t)$,$n$ 为流凌演进子模型总数。总体模型面貌随时间的变化而变化,把流凌演进水深、流速、水位子模型按照时间驱动机制加载至流凌演进三维场景数据库中。以时间参量为纽带链接流凌演进瞬态影像与流凌演进子模型。在流凌演进三维动态仿真模拟过程中,同步显示与当前工况时间对应的模型数据属性信息,并不断将时间轴推进,更新时间环境变量。通过循环加载不同时刻的流凌演进子模型,显示不同时刻的瞬态影像场景,显示对应的流凌演进仿真数据信息,反映水深、流速、水质浓度等的动态变化情况,叠加到三维场景中,形成一种逼真的洪水淹没效果,实现流凌演进的三维动态交互式可视化。流凌演进仿真流程如图 4 - 40 所示。

图 4 - 40　流凌演进仿真流程图

4.4.2　流凌演进仿真模拟系统设计

1. 研发目标

针对松花江干流流凌演进三维全视景仿真要求,建立松花江干流流凌演进仿真模拟系统,具体目标分述如下。

(1)基于松花江干流流凌演进研究区域数字地形模型与堤防工程建筑物三维模型,实现松花江干流流凌演进三维场景的多视角可视化模拟;

（2）面向 MIKE21 流凌演进可视化数据，按照演进时间序列，创建流凌演进可视化图层、二维图表与动态监测数据，完成 MIKE21 流凌演进计算结果的可视化；

（3）利用 GIS 二次开发组件，基于流凌演进仿真模拟数据，建立基于数值模拟结果的流凌演进全视景集成可视化方法，实现流凌演进过程中水位、水深、流速、分布密度与运动轨迹等多方面信息可视化仿真。

系统开发的基础平台必须满足既定目标实现的研发需求，同时也应满足系统后续二次研发的需求，从而保证系统研发的延续性。目前国内外比较理想的系统研发平台有 GIS 平台。GIS 可以实现地形地貌和建筑物的三维可视化，对 MIKE21 计算结果可视化数据的无缝融合。结合 MIKE21 软件并进行二次开发可以满足实现松花江干流流凌演进的三维可视化模拟、堤防水工建筑物破坏分析等功能的系统二次研发要求，弥补了 MIKE21 在三维场景可视化仿真上的不足，GIS 平台间接具备（通过二次研发）地理信息的运算、处理等能力，满足系统的二次研发需求。研究过程中针对松花江干流流凌演进三维全视景仿真要求与流凌演进仿真模拟特点，选取 GIS 作为本系统的研发平台，基于组件式 GIS 二次开发技术，结合 MIKE21 数值模拟结果，通过 Visual Studio 通用开发平台和 Visual C#4.0 开发语言，完成松花江干流流凌演进三维全视景仿真方法研究，建立松花江干流流凌演进仿真模拟系统，实现系统既定目标。

2. 功能要求

冰的生消和随流运动是非常复杂的自然现象，易造成河道堤防决溢、泛滥，同时流凌的撞击力和膨胀力会导致工程防护设施、沿岸建筑物破坏，影响水力发电、航运、供水等，给人们生产生活带来不便。本系统针对松花江干流河段流凌现象，借助水文气象、水动力和热力学方面的基本原理和方法研究流凌演进规律，基于河流水力学模型、粒子追踪模型和热力学模型，对流凌的发生发展和运动规律进行模拟。

可视化仿真是计算机可视化技术和系统建模技术相结合后形成的一种新型仿真技术，其中包括仿真计算过程可视化、仿真结果可视化、仿真建模过程的可视化。流凌演进仿真模拟系统借助 ArcGIS 具有的空间性和动态性的可视化功能，并基于纹理替换技术，加强计算成果的可视化表达，通过人机交互式操作实现利用传统方法难以揭示的现象和规律，并将数值模拟结果转换为受众面广的形态，并可以对计算结果的合理性进行有效分析。通过将流凌演进数值模拟计算结果与三维可视化仿真技术相结合的方法运用于堤防工程建筑物维护，能够科学、准确地把握流凌演进的规律，最大限度地规避流凌对建筑物的破坏。

针对松花江干流河段，利用河流水力学模型、粒子追踪模型和热力学模型对流凌的运动轨迹规律进行模拟，建立流凌运动轨迹粒子系统；基于 GIS 二次开发，实现流凌演进三维仿真数值模拟，使用 ArcGIS 附有数据库与 SQL Server 数据库之间相互调用与存储关系，完成流凌运动轨迹信息分类、录入、存储、管理、模拟展示，最后采用 ArcGIS Engine 组件，基于 ArcGIS 与 3Ds Max 建立的三维数字地形与堤防建筑物耦合全视景，融合流凌演进的相关可视化数据，从而全方位展示流凌运动中轨迹曲线、地形的集成场景，以便把握其运动规律，降低发生流凌灾害的风险。

3. 框架设计

基于 AE 二次开发技术、ArcSDE + SQL Server 空间数据库挖掘技术以及 GIS 可视化仿真技术，完成松花江干流流凌演进仿真模拟系统框架搭建与功能开发。系统具备三维场景下堤防水工建筑物及场景要素的查询、平移、漫游、放缩、飞行等功能，实现松花江干流流凌演进全视景仿真场景下的可视化、流凌运动轨迹可视化模拟、流凌演进沉积密度模拟、流凌演进数位模拟等功能,实现松花江干流流凌演进基础数据的采集、查询、统计、输出等功能,从而全方位展示流凌演进过程中地形、水流、堤防结构物及流凌演进的集成场景,以便把握其规律,降低发生灾害的风险。

系统基于时间轴动态驱动机制,科学地、形象地、立体地展现松花江干流流凌演进过程中的水位、水深、流速、分布密度与运动轨迹等多方面信息,为实现流凌演进预测与堤防工程防护提供技术支撑。

开发的松花江干流流凌演进仿真模拟系统可分为功能实现层与技术支撑层,功能模块包括三大部分:全视景融合仿真子系统、基于 MIKE21 数据的流凌演进三维仿真子系统、基于 MIKE21 数据的流凌演进二维仿真子系统。关键技术主要包括 6 个方面的内容:GIS 的可视化仿真技术、多系统耦合技术、基于 GIS 的全视景三维交互式集成技术、数据库挖掘技术、二维图表生成技术、系统可视化仿真技术。松花江干流流凌演进仿真模拟系统技术框架如图 4 - 41 所示。

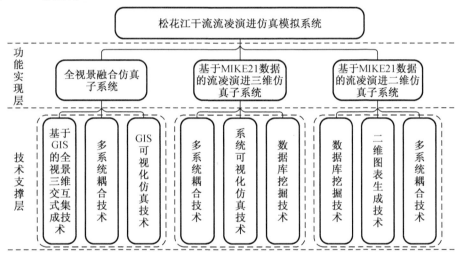

图 4 - 41　松花江干流流凌演进仿真模拟系统技术框架

（1）全视景融合仿真子系统

该子系统是基于 GIS 动态可视化仿真技术,包括数字地形子系统、堤防工程模型子系统,能够全方位展示流凌演进过程中地形、水流、堤防结构物及流凌演进的集成场景,完成三维场景下定位、放缩、移动、漫游、鹰眼等可视化功能,实现松花江干流研究区域全视景漫游及可视化。

（2）基于 MIKE21 数据的流凌演进三维仿真子系统

该子系统是利用空间地理数据库与 SQL Server 数据库之间相互耦合关系,采用 ArcGIS Engine 组件,根据 ArcGIS 与 3ds Max 建立的三维数字地形与堤防建筑物耦合全视景,融合流凌演进的相关可视化数据,将数值计算结果的可视化,模拟流凌运动,得到流凌演进过程中的水位、水深、流速、分布密度与运动轨迹等多方面信息,从而使人们观察到传统方法难以观察到的现象和规律,并可以对计算结果的合理性进行有效分析,实现基于 GIS 系统流凌演进的三维可视化数值模拟,包括流凌演进水位变化模拟、流凌演进水深变化模拟、流凌演进流速变化模拟、流凌分布密度变化模拟、流凌运动轨迹变化模拟。

（3）基于 MIKE21 数据的流凌演进二维仿真子系统

该子系统主要是基于 MIKE21 数据的流凌演进三维仿真子系统过程中的仿真时间钟，同步显示对应的水位、水深、流速、密度等相关信息，一方面是对流凌轨迹信息的统计、分析、排列，另一方面是对流凌轨迹信息的计算结果可视化的过程，通过对单个粒子和多个粒子的一次排列组合，实现不同时间阶段的粒子速度曲线的绘制与分析，并提供相对应的二维效果图，使用户可以随时查看各个粒子在运行过程中的状态，为流凌运动轨迹三维可视化模拟提供数据支持与可视化辅助，包括流凌粒子速度变化曲线、流凌演进状态二维视图、流凌演进实时监测数据表。

图 4-42 为松花江干流流凌演进仿真模拟系统总体框架图，图 4-43 为初步建立的松花江干流流凌演进三维仿真系统界面。

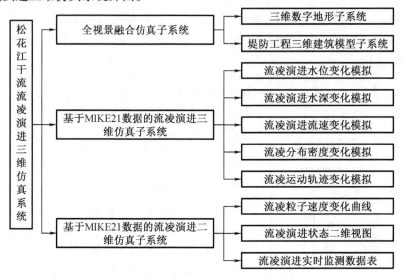

图 4-42　松花江干流流凌演进仿真系统总体框架图

图 4-43　松花江干流流凌演进三维仿真系统界面

4. 功能设计

三维仿真模拟又称虚拟仿真是指利用计算机技术生成的一个具有视、听、触、味等多种感知的虚拟环境,本书在此基础上,结合流凌演进仿真的实际要求,研究可交互式操作的三维场景,确保三维仿真的时效性。与数字量或二维图表的方式表示流凌运动结果的静态传统方法相比,该方法为决策者与堤防维护人员提供更可靠的管理依据。因此,基于 GIS 开发平台,将松花江干流流凌演进仿真模拟的二维成果作为子模块加入系统中,以二维科学可视化的方式精确展示这些信息。从信息的集成角度,二维可视化虽能准确地反映松花江干流流凌演进规律,但信息表达不具有直观性,结果显示缺乏空间定位信息,难于实现多尺度空间上流凌演进及影响分析,但是这些不足正是基于 GIS 的流凌演进三维可视化仿真所具备的。本系统通过二维可视化、三维可视化同步展示相结合的方式,可以更好地表现松花江干流流凌演进各方面的特性,实现松花江干流流凌演进仿真模拟可视化的进一步综合。

考虑到集成信息同步显示的基础是数据库存储,将表格与图片数据按不同工况分别保存在不同的数据库中,以时间变量为序进行编号,可以方便地调取指定时刻的全部有效数据,所有数据随时间的改变同步更新,呈现在不同展示窗体的选项卡中。监控数值表、水面线变化绘制曲线、MIKE21 计算结果图库等信息以工况分类,以时间为纽带进行整合,与三维同步查询调用供使用者切换对比查看。该方法可极大地简化数据的调取过程,为该区域流凌的研究和堤防决策提供高效、准确、详实的参考信息。

松花江干流流凌演进仿真模拟系统包含场景漫游与可视化、流凌运动轨迹三维可视化模拟、流凌演进沉积密度模拟、流凌演进水位模拟、流凌轨迹信息管理五大功能,同时通过 Visual C#4.0 语言编程实现用户操作界面,旨在实现流凌演进仿真多维度展示,达到科学、高效、准确地掌握流凌演进全过程,把握流凌演进的规律,最大限度地规避流凌对建筑物的破坏。系统功能如下。

(1)场景漫游与可视化

基于 GIS 的三维动态可视化仿真技术与虚拟现实技术,呈现松花江干流流凌演进区域复杂场景下三维数字地形模型与遥感影像的融合,同时展现数字地形与三维水工建筑物模型的时空逻辑关系,利用 AE 二次开发工具,实现场景下的放缩、平移、漫游、鹰眼、浏览查询等功能,从而使用户更加直观、逼真地查看松花江干流流凌演进区域的地形整体情况与建筑物的空间位置,包括漫游模式、飞行模式、平移放缩等操作。可利用鼠标操作控制点位置与窗口高度,拉近和远离场景下堤防建筑物的距离,并通过调整任意视角,实现不同维度、视角下的场景浏览。

(2)流凌运动轨迹三维可视化模拟

基于 GIS 的三维动态可视化仿真技术与虚拟现实技术,呈现松花江干流流凌运动轨迹区域复杂场景下三维地形模型与遥感影像的融合,利用 AE 二次开发工具,加载不同时刻的流凌运动轨迹模型动态仿真信息,包括流凌运动轨迹模型和对应不同时刻的流凌运动轨迹要素属性信息等,实现任意模拟时刻下不同粒子编号的三维场景及流凌运动轨迹模型要素耦合状态再现,同时针对不同时刻显示当前的流凌运动轨迹二维图。

(3)流凌演进沉积密度模拟

基于全程仿真钟方法,利用 AE 二次开发工具,加载不同时刻的流凌演进沉积密度系统动态仿真信息,包括流凌演进沉积密度模型和对应不同时刻的流凌演进沉积密度要素属性信息等,实现特定工况下任意时刻下冰冻地区三维场景及流凌演进沉积密度要素模型耦合状态再现,同时针对不同时刻显示当前的流凌演进沉积密度图。

(4)流凌演进水位模拟

针对松花江干流流凌演进水位的三维动态可视化表现,采用水位与多纹理动态替换结合的表现方法,即通过纹理替换的方法实现水流的动态流动效果,通过随时间改变的水面位置表现出流凌演进的水位状态信息。

(5)流凌轨迹信息管理

利用二维图表技术,显示流凌运动轨迹的各个时刻的粒子对应编号的运动时间、X 坐标、Y 坐标、速度等数据,并可选择不同粒子编号,根据仿真时间,显示流凌运动轨迹速度图,同时提供对不同粒子编号对应的数据和图表,辅助流凌运动轨迹三维可视化模拟。

4.4.3　空间数据库与属性数据库的构建研究

软件系统包括两种模式:C/S 模式与 B/S 模式。C 是 Client 的首字母,指客户端的意思,B 是 Browser 的首字母,指浏览器,S 是 Server 的首字母,指服务器。其中 C/S 体系过程中,将数据的存储、管理、分析等运算工作和系统的业务工作分别分配到 S 端和 C 端,使得该体系具有系统开发简单、开发费用低和系统稳定的优点。该模式多应用于大量数据统计、图形化操作、批量处理、年度汇总等大规模的数据库更新和维护,同时 C/S 模式可以减轻服务器的运行压力。B/S 模式主要是适用于用户数庞大,同时需要经常进行变化。

考虑到松花江干流流凌演进仿真模拟的目的与系统的用户使用要求,研究过程中采用 C/S 体系结构研究松花江干流流凌演进模拟的开发方法,面向松花江干流堤防管理单位,开发界面友好、功能齐全便捷的客户端,用于挖掘流凌演进规律,评估堤防工程破坏的偶发地区;针对支撑数据的复杂性,建立属性数据库和空间数据库,设立服务器完成相关数据的储存、分析、运算等操作。流凌演进可视化数据库如图 4－44 所示。

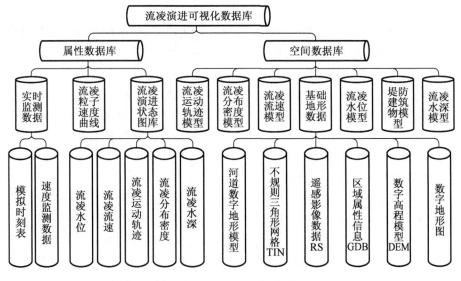

图 4－44　流凌演进可视化数据库

为了保证系统无缝耦合各部分数据,需要对各类型松花江干流流凌演进模拟数据进行收集整理,即将支持系统运行的松花江干流流凌演进模拟的所有空间数据和属性数据分类、储存到相应的数据库中,从而实现松花江干流流凌演进模拟和研究区域的全视景仿真,通过 ArcSED + SQL Server 数据库系统存储和管理属性数据与空间数据。在松花江干流流凌演进可视化数据库中,按照数据类型与仿真模拟要求不同,利用 ArcGIS 下 Personal Geodatabase 建立空间数据库,以及利用 SQL 建立属性数据库,分别储存属性数据和空间数据。空间数据库包括流凌运动轨迹模型、流凌分布密度模型、流凌流速模型、基础地形数据、流凌水位模型、堤防建筑物模型、流凌水深模型。属性数据包括实时监测数据、流凌粒子速度曲线、流凌演进状态图库。

1. 空间数据库与属性数据库构建

基础地形数据主要为松花江干流流凌演进研究区域的地形资料,包括河道数字地形模型、不规则三角形网格 TIN、遥感影像数据 RS、区域属性信息 GDB、数字高程模型 DEM、数字地形图。堤防建筑物模型数据主要包括松花江干流流凌演进研究区域两侧用于抵御流凌撞击破坏的堤防建筑物,同时涉及受流凌影响区域的房屋建筑物模型。流凌运动轨迹、分布密度、流速、水位、水深模型主要是根据 MIKE21 数值模拟结果,利用 ArcGIS 软件,提取的面向流凌演进仿真模拟的可视化数据。

(1)基础地形数据分类与加载存储

利用前文提出的研究区域数字地形快速构建方法,利用 ArcCatalog 软件,存储相关数字地形数据。生成数字高程模型,并在基础信息中设置属性数据库相同字段的关联项,用于后续系统开发中数据的调用。利用 ArcMap 得到地形的矢量化的点、线数据如图 4 - 45 和图 4 - 46 所示;同时获得不规则三角形网格数据如图 4 - 47 所示,利用 ArcScene 进行卫星影像图与数字地形的耦合,完成数字地形建立如图 4 - 48 所示。

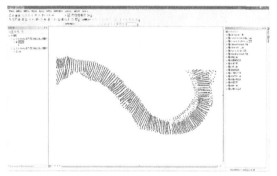

图 4 - 45　点数据

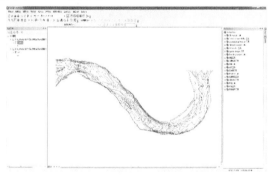

图 4 - 46　线数据

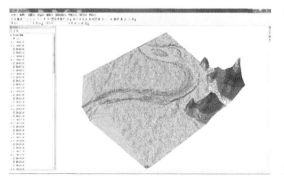

图 4 - 47　不规则三角形网格数据

图 4 - 48　遥感影像数据

（2）可视化数据加载存储

通过面向可视化数据处理方法，将 MIKE21 数值模拟结果中的流凌演进水位等值线、流场速度矢量、沉积分布密度、粒子运动轨迹等三维信息与二维平面图片、信息、表格、视频等系列结果进行提取，转换成可在 GIS 平台上展示的数据类型，为松花江干流流凌演进三维全视景仿真场景提供数据源。主要内容如图 4-49 和图 4-51 所示。

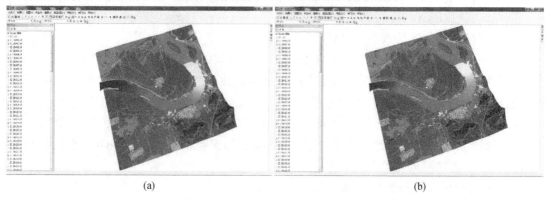

(a)   (b)

图 4-49   流凌演进水位等值线

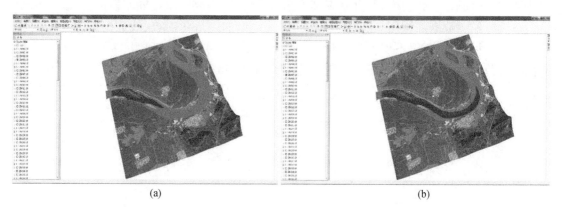

(a)   (b)

图 4-50   流凌沉积分布密度

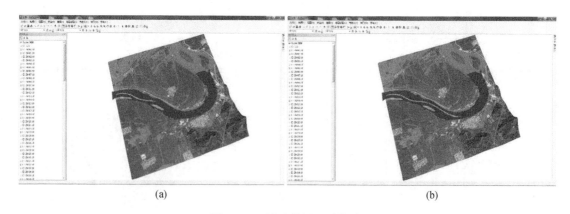

(a)   (b)

图 4-51   流凌粒子运动轨迹

（3）堤防建筑物模型数据加载存储

根据前文所述研究区域堤防工程三维建模方法,考虑到建立的松花江干流堤防水工建筑物模型不具备地理坐标信息,需要进行地理配准,获得各个模型的地理坐标信息,并提取这些信息,然后利用 CityEngine 获得带有地理坐标信息的水工建筑物模型,最后完成松花江干流数字地形可视化场景融合,获取空间数据库区域属性信息 GDB 数据,如图 4 – 52 所示。

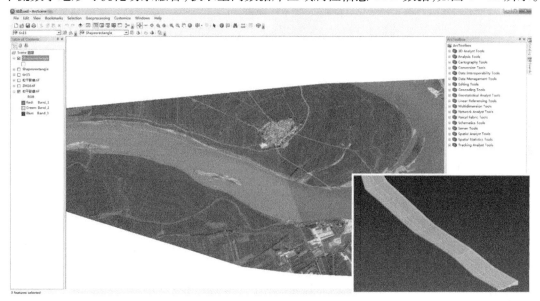

图 4 – 52　堤防建筑物模型

2. 属性数据库设置

属性数据库包括实时监测数据、流凌粒子速度曲线、流凌演进状态图库,其中实时监测数据包含模拟时刻表、速度监测数据,主要是 MIKE21 数值模拟工况与模拟时刻表,同时针对每种工况下不同时刻的流速数据,流凌粒子速度曲线呈现不同时刻的粒子流速变化;流凌演进状态图库数据主要是对 MIKE21 数值模拟结果的二维可视化,通过 ArcMap 生成每一帧下的高清状态图,包括流凌水位、流凌流速、流凌运动轨迹、流凌分布密度、流凌水深等,为后期的流凌演进仿真模拟提供数据基础。

为避免数据量庞大处理冗杂和涉及数据库权限与编辑问题,本系统采用 Excel 表格数据导入 SQL 数据库的技术路线。利用 SQL 导入数据功能,选取 Micosoft Excel 数据源,确定导入目标 SQL Server 2008 Native Client 10.0、服务器名称、数据库名称,最后选择前期处理好的属性数据的文件储存路径,导入相关数据。为克服属性数据导入 SQL 属性数据库过程中,由于属性数据 Excel 格式储存造成的数据类型与数据名称不匹配的问题,对 SQL 数据库中数据修改数据类型(包括字符型、整数型、浮点型、时间型等)和数据校正,最终实现数据库中关系数据准确无误,数据类型适应仿真要求,为施工管理动态仿真系统奠定数据基础。具体流程如图 4 – 53 和图 4 – 54 所示。应用同样流程,完成其他属性数据的导入。

图 4 – 53　数据导入之选取数据源图　　　　图 4 – 54　数据导入之选取目标

3. 数据库相互调用机制

复杂多源数据库集成处理技术包括基于系统框架结构,设计数字地形子系统、三维堤防结构物子系统、水流演示子系统、流凌模拟子系统数据库;研发用于空间地理数据库与SQL 数据库的数据信息分类、录入、存储、管理的数据库管理模块;研发面向矢量模型数据、影像栅格数据、三维建筑物建模数据、水流、流凌数据的复杂多数据的空间数据库和属性数据库的集成数据处理机制;研究三维场景下的各子模块数据的耦合调用方法。

在空间数据库调用实现过程中,拟运用 AE 二次开发技术,通过调用 axMapControl 二维场景控件、axSenceControl 三维场景控件等 GIS 二次开发控件,实现空间数据库的调用。核心代码如下:

```
for ( int i = 1; i < = 122; i + + )
flyr[ i] = ( IRasterLayer) axSceneControl1. SceneGraph. Scene. get_Layer( i) ;
flyr[ i]. Visible = false;
flyr[ 1] = ( IRasterLayer) axSceneControl1. SceneGraph. Scene. get_Layer( 1) ;
flyr[ 1]. Visible = true;
axSceneControl1. SceneGraph. RefreshViewers( ) ;
pictureBox1. Image = Image. FromFile( @ "D:\Work2\songganshuju\DM. jpg" ) ;
timer1. Enabled = true;
axSceneControl1. SceneGraph. RefreshViewers( ) ;
string SqlSelect = "SELECT * FROM Patch" ;
SqlDataAdapter masterDataAdapter = new SqlDataAdapter( SqlSelect, sqlcon) ;
masterDataAdapter. Fill( ds, "Table_1" ) ;
DataTable dtbl = ds. Tables[ "Table_1" ] ;
DSZP1[ DSZP] = dtbl. Rows[ DSZP][ 1]. ToString( ) ;
pictureBox1. Image = null;
pictureBox1. Image = Image. FromFile( @ DSZP1[ DSZP] ) ;
DSZP = DSZP + 1;
```

```
SqlConnection sqlconDS = new SqlConnection(sql);
sqlconDS.Open();
DataSet ds1 = new DataSet();
string SqlSelectDS = "SELECT * FROM Time";
SqlDataAdapter masterDataAdapterDS = new SqlDataAdapter(SqlSelectDS, sqlconDS);
masterDataAdapterDS.Fill(ds1, "Table_1");
DataTable dtbl1 = ds1.Tables["Table_1"];
textBox1.Text = dtbl1.Rows[sqlconDS1][2].ToString();
sqlconDS1 = sqlconDS1 + 1;
DS = DS + 1;
if (DS == 72)
{
    timer2.Enabled = false;
    MessageBox.Show("演示完毕!");
}
```

属性数据库调用应使用 ADO.NET 访问数据库,通过 Connection 对象连接数据库,将调取的数据填充在 DataSet 表格中,为下一步属性数据的客户端显示提供显示调用的中介。属性数据库连接一般包括数据源、数据库服务器名称、数据库名称、登录用户名、密码、等待时间、安全认证等参数信息。使用 SQL 进行 Windows 身份验证,连接数据库代码为:Data Source = 当前服务器实例名;AttachDbFilename = 当前数据库文件根目录;Integrated Security = true,确定数据库安全性能;Connect Timeout = 30,设置连接失效时间限制;User Instance = True,确定用户使用权限。创建 SqlConnection 对象实例,并设置实例名属性:SqlConnection 对象名 = new SqlConnection(实例名)或者 SqlConnection 对象名 = new SqlConnection();核心代码如下:

```
string sql = @"Data Source = . \实例名;
AttachDbFilename = ""数据库文件存储位置"";
Integrated Security = True;
Connect Timeout = 30;User Instance = True";
SqlConnection sqlcon = new SqlConnection(sql);
```

连接数据库后,利用 SQL 语言调取所需要的数据,包括 Select、Update、Delete、Insert,通过 SqlDataAdapter 对象与 DataSet 对象调取数据放入 DataTable 中,为施工进度管理提供数据便捷。核心代码如下:

```
DataSet ds = new DataSet();
string SqlSelect = "select * from 数据库表名";
SqlDataAdapter masterDataAdapter = new SqlDataAdapter(SqlSelect, sqlcon);
masterDataAdapter.Fill(ds, "Table_1")
```

4.4.4 松花江干流流凌演进仿真模拟系统功能实现

1. 场景漫游与可视化

根据流凌演进信息录入结果,通过后台数据库的实时链接,建立链接空间数据库和属性数据库的集成数据处理机制,构建各子系统无缝友好的综合运行框架结构,展现三维数字地形、三维堤防结构物、水流、流凌的各子系统全视景耦合可视化方法,基于 GIS 二次开发,通过改变视点的高低、视角的大小与距离,调整流凌演进视图范围与视图角度,完成三维场景下定位、放缩、移动、漫游、鹰眼等可视化功能。以松花江佳木斯市汤原县敖其湾上游段河道为例,对松花江干流流凌演进三维场景进行漫游及可视化操作。分别点击工具条上的全图功能、平移功能、缩放功能、鹰眼功能、漫游功能,得到用户所需的场景视角与信息。图 4-55 为全图功能、图 4-56 为平移功能、图 4-57 为缩放功能、图 4-58 为漫游功能。

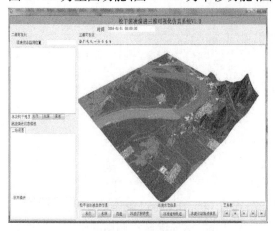

图 4-55　全图功能　　　　　　　　　图 4-56　平移功能

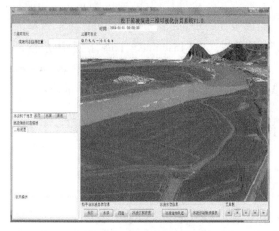

图 4-57　缩放功能　　　　　　　　　图 4-58　漫游功能

2. 流凌运动轨迹可视化模拟

流凌演进沉积密度模拟是采用全过程动态仿真,根据流凌轨迹可视化信息录入结果,基于松花江干流流凌演进仿真模拟系统框架结构,通过后台数据库的实时链接,构建各子系统无缝友好的综合运行框架结构,然后考虑流凌运动的模拟时刻表,加载每个时刻的流凌运动轨迹仿真模型,同时调用仿真模型的粒子信息、时间信息、仿真信息,并与其时间属性数据进行关联,在流凌演进模拟过程中,基于时间轴驱动机制,读取模型库中对应的模型数据及属性信息,最终以图层的形式将各个阶段模型显示在松花江干流流凌三维全视景场景中,从而深入研究在流凌运动过程中流凌的整体运动轨迹、每个时刻的流凌状态、流凌堆积的密度关系以及变化速度趋势等相关信息,在流凌运动轨迹全过程中揭示流凌运动总体规律以及运动特性,为研究多数粒子运动和粒子之间相互作用提供研究基础与仿真基础。

流凌运动轨迹与对应二维图模拟相关联,利用二维图直观的特点,将流凌运动轨迹模型转化为对应每一个时刻和每一帧的图库,利用仿真时钟和数据库属性链接,使流凌运动轨迹模拟与流凌运动轨迹二维图同步显示。

点击 ▶ 按钮,将展示当前流凌运动轨迹三维可视化模拟的下一个模拟时间点仿真状态,点击 ◀ 按钮,将展示当前流凌运动轨迹三维可视化模拟上一个模拟时间点的仿真状态,点击 ▶▶ 按钮,将展示当前流凌运动轨迹三维可视化模拟的最后模拟时间点仿真状态,点击 ◀◀ 按钮,将展示当前流凌运动轨迹三维可视化模拟开始模拟时间点的仿真状态,点击 ⏸ 按钮,将对当前流凌运动轨迹三维可视化模拟时间点仿真状态进行暂停仿真,再次点击 ⏸ 按钮,恢复当前流凌运动轨迹三维可视化模拟,如图 4 - 59 所示为流凌运动轨迹可视化模拟界面图。

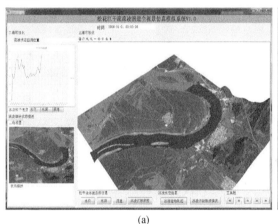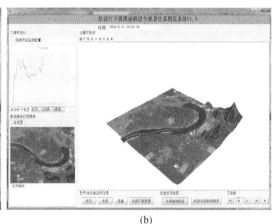

(a)　　　　　　　　　　　　　　　　(b)

图 4 - 59　流凌运动轨迹可视化模拟界面图

3. 流凌演进沉积密度模拟

流凌演进沉积密度模拟是基于 GIS 系统实现流凌演进的三维全景可视化数值模拟,全方位展示流凌演进过程中地形、水流、堤防结构物及流凌演进的集成场景,也是深入研究流凌演进规律及其对堤防结构物破坏作用极为有效的先进技术手段。系统研发面向矢量模型数据、影像栅格数据、三维建筑物建模数据、水流、流凌数据的复杂多数据的空间数据库和属性数据库的集成数据处理机制,利用基于属性信息和冰块分级大小信息,实现冰块实际大小的模拟方法;建立流凌演进驱动机制,完成流凌演进沉积密度数值模拟。本系统利用流凌演进沉积密度模拟功能进行模拟流凌演进过程中流凌堆积情况,为用户施工和管理提供数据支持与技术路线。

对于松花江干流流凌演进仿真模拟系统,确定工况类型,进入流凌演进沉积密度模拟界面,利用 AxSceneControl 控件加载沉积密度模型,同时利用二维图直观的特点,将流凌演进沉积密度模型转化为二维图库,利用仿真时钟和数据库属性链接,使流凌演进沉积密度模拟与流凌演进沉积密度二维图同步显示;对于流凌演进沉积密度模拟过程中流凌的速度,利用二维表进行表示,辅助用户更好地观察流凌演进沉积密度模拟的过程,流凌演进沉积密度模拟界面如图 4 - 60 所示。

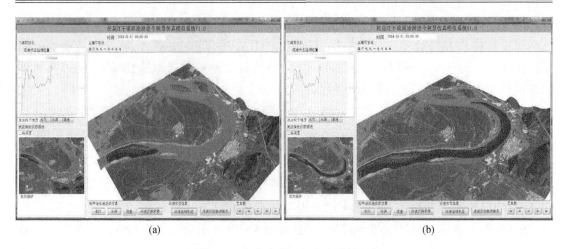

(a)　　　　　　　　　　　　　　　　　(b)

图 4 - 60　流凌演进沉积密度模拟界面

4. 流凌演进水位模拟

流凌块体在河道运动过程中,随水流的流动和水面的波动而起伏变化,流凌表面水位的涨落幅度和周期对大块流凌体的破碎和积压有直接影响,由于水波的波峰和波谷对固体冰块产生表面作用力,会加速冰块的破碎,可有效地防止堆冰和卡冰现象的发生。本系统基于 AE 二次开发组件,利用 AxSencecontrol 控件显示流凌演进水位模拟仿真过程的基本信息、水位状况、场景信息,实现对当前流凌演进水位模拟的可视化表达,将流凌演进水位模型转化为二维图库,利用仿真时钟和数据库属性链接,使流凌演进水位模拟与二维图同步显示,对于流凌演进水位模拟过程中流凌的速度,利用二维表进行表示,辅助用户更好地观察流凌演进水位模拟的过程。

通过对流凌演进水位三维可视化仿真,可实现探究水位与流凌之间的关联。进入松花江干流流凌演进仿真模拟系统界面,确定工况类型,流凌演进水位模拟如图 4 - 61 所示。

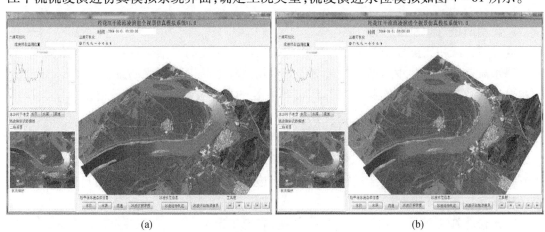

(a)　　　　　　　　　　　　　　　　　(b)

图 4 - 61　流凌演进水位模拟界面

5. 流凌演进数据信息管理

流凌演进数据信息管理主要针对流凌轨迹信息。流凌轨迹信息管理包括:对流凌轨迹信息的统计、分析、排列;对流凌轨迹信息计算结果可视化的过程,通过对单个粒子的一次排列组合,实现不同时间阶段的粒子速度曲线的绘制与分析。

本系统该功能包括:流凌运动粒子编号选择,显示对应粒子编号的速度曲线图;数据的导出,对当前速度信息表的数据进行导出操作;图表的导出,对当前速度曲线图的进行导出操作。利用二维图直观的特点,针对流凌运动粒子的编号选择,同步显示对应粒子编号的速度曲线图,使用户可以随时查看各个粒子在运行过程中的状态。

在流凌运动轨迹速度信息表窗口显示编号1仿真过程中的速度数据与X,Y坐标值,同时流凌运动轨迹速度图窗口显示编号1的速度曲线图。以粒子编号1为例,图4-62为编号1流凌运动轨迹速度信息表,即信息管理界面,图4-63为编号1的速度曲线图。

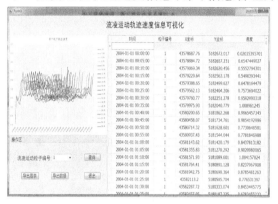

图4-62 信息管理界面

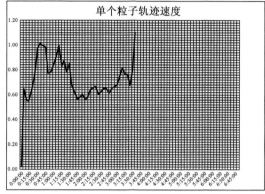

图4-63 编号1的速度曲线图

6.系统特点

基于数值模拟结果的流凌演进全视景集成方法,集成GIS有效的空间数据处理能力与MIKE21的流凌演进数值模拟分析能力,研发的松花江干流流凌演进仿真模拟系统特点如下。

(1)有效结合时间与空间信息

一方面充分发挥了MIKE21数值模拟结果,另一方面弥补了MIKE21在三维场景可视化仿真上的不足,流凌演进数据信息不仅在空间上有差异,还有在时间上的差异,具有动态性和时空性。可以按照不同的可视化展示要求,查询相应时刻的流凌演进各个要素,对流凌演进过程动态显示。

(2)有效支持数学模型

可视化结果依托MIKE21流凌演进模型作为系统的数据基础,确保了计算结果的科学性和准确性。数学模型与可视化技术相结合,流凌演进仿真模拟、空间信息管理等的综合应用,提高了该系统的实用性。

第 5 章　冰凌作用下堤防防护技术

5.1　护岸结构设计

5.1.1　护岸结构概述

直立式护岸结构也被称为垂直护岸结构和墙式护岸结构,是指沿河岸或堤岸修筑的竖直陡坡式挡墙。通常为了满足护岸结构稳定的要求,墙基要嵌入堤岸护脚一定的深度,以提高护岸结构的整体抗滑稳定性和抗冲刷稳定性。直立式护岸结构稳定,常被用于受地形条件限制、河道狭窄、堤外无滩且易受水流冲刷侵蚀的重要堤段。直立式护岸结构通常可分为重力式、现浇混凝土、浆砌块石、混凝土预制块、板桩、加筋土、扶壁或长挡板式、石笼、衡重式、沉井式等结构。

斜坡式护岸结构是在土质岸坡满足自身稳定的状态下进行修筑的,在保证抗倾、抗滑稳定性的前提下,根据地质条件和水流条件,按一定的坡比开挖岸坡,并对坡面和坡脚进行保护。主体工程一般分为陆上护坡和水下护底两部分。

陆上护坡主要包括排水系统和护面层。排水系统一般由盲沟、明沟、倒滤层组成,其作用是保证岸坡后侧的地下水、坡顶明流等能顺畅排除,减少水压力和保证土体不流失。护面层的作用是防止坡面受水流冲刷。护面层材料主要采用干砌块石、浆砌块石、多边形混凝土块以及格宾护垫等。

水下护底是支撑上部结构的重要结构部位,对护岸工程能否保持稳定起着重要作用。由于该部位几乎常年位于水下,施工难度大、施工质量不易控制,且结构物受水流淘刷影响大,一旦坡脚失稳,护岸工程则会遭受严重破坏。因此,在工程中水下护底应作为重中之重的一个项目。水下护底的结构种类比较多,但常用的主要有系砼块软体排、抛石、抛沙枕、异型混凝土块体等。对于护底区域边坡较陡的部位,需抛石镇脚,抛石边坡比例一般控制在 1:2.5 以内。目前斜坡式护岸结构主要包括预制混凝土块、现浇混凝土板、模袋混凝土、土工织物沉排、浆砌块石、干砌石、抛石和土工网垫植皮护岸等结构。

在护岸工程中护脚常常被视为简单的工程项目而被忽略其在护岸结构中的重要性,实际工程中却并非如此,护脚的重要性甚至要超过上部护岸结构,合理的护脚结构可以更好地稳固上部护岸结构,保护岸坡稳定,防止水流冲刷。在选取护脚结构时,要综合考虑,既要考虑是否适合上部护岸结构,又要考虑是否可以就地取材。如平原地区砂石料缺乏,就要多考虑采用混凝土、沉排等方法,砂石料较多的地方,宜选用抛石和砌石的方案。抛石固脚中抛石的位移情况直接影响到抛石固脚的质量,最好通过现场试验摸清抛石位移规律,以利准确、高效施工;船上抛石固脚,船的准确定位十分重要,要在岸上观测设备的指导下进行;及时探测水下抛石坡度、厚度,可以随时掌握抛石情况,调整施工方案,满足设计要求。

常见的护脚结构包括抛石护脚、干砌石护脚、浆砌石护脚、铅丝笼块石护脚、条形素混凝土护脚、沉排及抛石并用护脚、抛柴枕护脚、混凝土沉井护脚、土工织物软体沉排和四面六边体护脚等结构。

5.1.2　流凌破坏原理概述

1. 冰的物理特性

冰是自然界的一种常见物质,是水的三种状态之一。冰的熔化热一般介于 $3.316 \times 10^5 \sim 3.357 \times 10^5$ J/kg 之间,通常情况下取为 3.35×10^5 J/kg。冰是水的固态结晶形态。水是一种很奇特的液体,它的性质变化规律以温度 4 ℃为分界线,当温度高于 4 ℃时,水遵循的是热胀冷缩规律,温度升高液体膨胀,温度降低液体收缩,当温度低于 4 ℃时,水遵循的是完全相反的冷胀热缩规律,只有在温度处于 4 ℃时水的密度达到最大值,这是因为原来水中呈线形分布的缩合分子中,出现一种像冰晶结构一样的似冰缔合分子,叫作假冰晶体。因为冰的密度比水小,假冰晶体的存在,降低了水的密度,这也是为什么水在 4 ℃时密度最大,低于 4 ℃时水的密度又要减小的原因。

（1）冰的晶体结构

冰的物理性质随着晶体结构的变化而变化,在一定压力下可以呈现出弹性、塑性以及脆性三种不同的状态。实验发现的冰相已经多达 15 种,自然界中的冰大多数为六方晶格序列排列的晶体结构,即冰的晶格为一个带顶锥的三棱柱体,6 个角上的氧原子分别为相邻 6 个晶胞所共有。3 个棱上氧原子各为 3 个相邻晶胞所共有,2 个轴顶氧原子各为 2 个晶胞所共有,只有中央 1 个氧原子算是该晶胞所独有,这是由水分子间有氢键缔合这样的特殊结构所决定的。根据近代 X 射线的研究,证明了冰具有四面体的晶体结构。这个四面体是通过氢键形成的,是一个敞开式的松弛结构,因为 5 个水分子不能把全部四面体的体积占完,在冰中氢键把这些四面体联系起来,成为一个整体。这种通过氢键形成的定向有序排列,空间利用率较小,约占 34%,因此冰的密度较小。水溶解时拆散了大量的氢键,使整体化为四面体集团和零星的较小的"水分子集团"(即由氢键缔合形成的一些缔合分子),故液态水已经不像冰那样完全是有序排列了,而是有一定程度的无序排列,即水分子间的距离不像冰中那样固定,H_2O 分子可以由一个四面体的微晶进入另一微晶中去。这样分子间的空隙减少,密度就增大了。温度升高时,水分子的四面体集团不断被破坏,分子无序排列增多,使密度增大。但同时,分子间的热运动也增加了分子间的距离,使密度又减小。这两个矛盾的因素在 4 ℃时达到平衡,因此,在 4 ℃时水的密度最大。过了 4 ℃后,分子的热运动使分子间的距离增大的因素,就占优势了,水的密度又开始减小。

（2）冰的预融化特性

冰的预融化特性最早在 1842 年由法拉第提出,是一种主要作用于冰表面的特性。冰的融点在常温状态下是 273 K,即 0 ℃,但是人们发现当温度低于冰的融化温度时,冰的表面会率先开始"融化",但这并非是真的融化,而是形成一层准水层,一种介于冰和水两种状态之间的物质结构,这使得冰的表面非常复杂。

（3）冰的其他物理特性

冰具有低温超导性,在低温状态下超导性能好,但冰硬度低,纯冰在 0 ℃温度下的莫氏硬度为 1 ~ 2, -15℃温度下的莫氏硬度为 2 ~ 3, -40℃温度下的莫氏硬度为 3 ~ 4, -50℃温度下的莫氏硬度为 5 ~ 6。

2. 冰的力学特性

流冰对桥墩、护岸等建筑物撞击作用力的大小，一方面取决于外界因素，如当地水流流速、风速等，另一方面也取决于冰的力学特性。冰力学特性包括冰的抗压强度、拉伸强度、弯曲强度、剪切强度和摩擦系数等。

（1）冰的抗压强度

冰的抗压强度也被称为单轴无侧限压缩强度，指当冰体受到单轴无侧限受压破坏时，其单位面积上能够承受的极限荷载。冰抗压强度是冰力学特性中最基本也是最重要的特性之一，全世界范围内有很多工程采用的冰荷载计算公式中，单轴抗压强度都是一个非常重要的基本参数。冰单轴抗压强度一般通过实验的方法进行探测，2015 年 3 月份郭颖奎等在松花江某段进行了冰的单轴无限侧压缩实验，发现冰的单轴受压应力 – 应变曲线存在一定的规律，在加载速率 0.1 kN/s 和温度 – 15 ℃的情况下，整个曲线分为明显的 4 个阶段，如图 5 – 1 所示。在 OA 阶段，冰体承受压力很小，在实验仪器刚刚接触到冰体表面时冰体表面稍有融化，因此很小的压力就产生了很大的应变；AB 阶段，随着压力的增加，应变也在几乎呈线性规律增加，但是由于冰体内部还不明显的裂缝在逐渐发展的过程中越发贴近极限状态，使冰体应变变化速率逐渐减缓，曲线切线斜率逐渐变小；BC 阶段由于冰体内部气泡和微裂缝联通形成破坏面，内部结构发生了调整，冰体承受应力值到达顶峰，故 C 点以后曲线将呈下降态势，此时的 C 点即为峰值应力，代表着冰体的单轴无侧限压缩强度；CD 阶段，冰块不再需要过多的应力，随着裂缝的不断扩大，冰体发生失效破坏，此时的冰体呈脆性状态。研究发现冰体单轴抗压强度的影响因素有很多，例如温度、加载速率、孔隙率、晶体结构和晶体尺寸等，其中主要影响因素有两个：温度和加载速率。

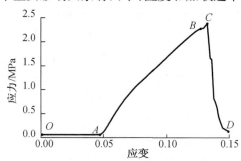

图 5 – 1　冰体受压破坏应力 – 应变曲线

①冰体抗压强度与温度的关系。

研究发现，在加载速率一定的情况下，冰的单轴抗压强度与温度存在着一定的关系：在一定范围内（ – 30 ~ – 5 ℃），冰的抗压强度会随着温度的降低而升高，虽然在这个过程中曲线有起有落，但大体的走势为上升趋势；在曲线达到最大值以后，随着温度继续降低（ – 30 ℃以下），冰的单轴抗压强度会随着温度的降低而降低，曲线呈下降趋势。

图 5 – 2 为冰体在 0.05 kN/s、0.10 kN/s、0.30 kN/s、0.50 kN/s、0.80 kN/s 5 个不同加载速率下的冰单轴抗压强度 – 温度关系曲线。

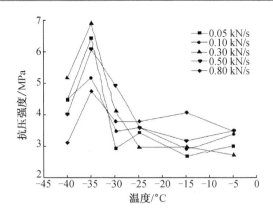

图 5 - 2　冰单轴抗压强度 - 温度关系曲线

②冰体抗压强度与加载速率的关系。

冰的单轴抗压强度与应力加载速率有很密切的关系:当加载速率很小时,冰体在应力作用下沿着边界进行错位滑移,并开始沿边界产生裂缝,等到裂缝数量积攒到足够多,随着应力增大,裂缝开始扩展,此时的冰体表现为变形较大的韧性破坏;随着加载速率加快,冰体无法继续沿边界充分滑移,一旦出现裂缝就马上破坏,此时的冰体处于脆性破坏状态;当冰体处于以上两种状态中间的时候,随着加载速率的变化冰既有可能发生韧性破坏又有可能发生脆性破坏,此时的冰处于韧脆转变区。根据郭颖奎等人的实验证明:当温度为 -30 ℃ 和 -40 ℃ 的条件下,冰体随着加载速率的增加而增大,并在加载速率分别为 0.50 kN/s 和 0.30 kN/s 时达到抗压强度的最大值,继续增大加载速率,曲线呈下降趋势,抗压强度随加载速率的增大而减小;当温度处于 -5 ℃ 、-15 ℃ 和 -25 ℃ 状态下时,冰体的单轴抗压强度随着加载速率的增大而持续缓慢增大,曲线呈缓慢上升趋势。在整个试验过程中测得的冰体单轴抗压强度最大值为 6.89 MPa,是当冰体处于 -35 ℃ 状态下,加载速率为 0.30 kN/s 时的最大值。

(2)冰抗拉强度

自然界中的天然冰体是一种受多种因素影响的非均质各向异性的脆性—弹性—黏塑性材料,同时具有很大的离散性。在加载速率一定的条件下,随着温度的变化,冰体的抗拉强度并没有明显的变化趋势,但在整体过程中会有抗拉强度的极值出现;而在温度一定的条件下,伴随着加载速率的增大,冰体抗拉强度会有相应的增强,达到某一加载速率时,冰的抗拉强度达到最大值,随后继续加大加载速率,抗拉强度减小,曲线呈下降趋势。整个过程中冰体抗拉强度的最大值出现在温度 -40 ℃,加载速率 0.30 kN/s 的状态下,最大值为 3.31 MPa。由于可能存在的影响因素众多,目前对冰体抗拉强度的变化规律还没有一个完全明确的说法,很多国家直接将冰体抗拉强度取值为抗压强度的 0.5 ~ 0.7 倍。

(3)冰剪切强度

冰与结构物相互作用时除了受到挤压破坏之外,还涉及双轴拉伸应力状态,这种应力状态即为剪切应力状态。冰体的剪切破坏也是冰作用到结构物表面时的主要破坏形式之一,冰的剪切强度同样跟温度和应力加载速率有密切关系。在温度一定的条件下,冰体剪切强度随加载速率变化明显,通常情况下冰的剪切强度会随着加载速率的增大而降低,曲线呈下降趋势;在加载速率一定的条件下,冰体的剪切强度通常随着温度的降低而增加,曲线呈上升趋势。由于冰晶体结构的各向异性,在冰晶体的不同方向上施加应力所得到的剪切强度也是不同的。冰晶体上垂直于冰晶生长方向的剪切强度要大于平行于冰晶生长方向的剪切强度。

(4)冰弯曲强度

当流凌撞击到斜坡式护岸结构的倾斜面时发生的破坏形式主要以弯曲破坏为主,因此对于斜坡式护岸结构来说,冰荷载的作用力大小与冰体的抗弯强度直接相关。冰体的弯曲强度同样与温度和应力加载速率存在着一定的关系:通常在应变速率一定的条件下,当温度处于 $-40 \sim 0$ ℃范围内,冰的弯曲强度随着温度的升高而降低,随着温度的降低而升高;当温度低于 -40 ℃时,随着温度的降低,冰的弯曲强度稍有降低,整个曲线变化过程中冰体的弯曲强度极值处于 -40 ℃附近。这是因为冰体弯曲破坏的实质是冰的某一侧(上边缘或下边缘)纤维受到拉伸导致破坏,因此冰体的弯曲强度在很大程度上与冰的拉伸强度变化规律是保持一致的。河冰的弯曲强度随加载速率增加的变化不明显,在温度一定的条件下,随着应力加载速率的递增,冰体弯曲强度稍有增大,达到某一应变速率时,冰的抗弯强度达到极大值;随后继续增大应力加载速率,冰的弯曲强度随之减小,曲线呈下降趋势。通常冰的弯曲强度在加载速率处于 $0.928\,2 \times 10^{-3} \sim 1.856\,3 \times 10^{-3}$ kN/s 范围内可以达到最大值。由于冰体具有离散性,不同地域的河冰弯曲强度稍有不同,很多国家将河冰弯曲强度取值为抗压强度的 $0.5 \sim 0.7$ 倍,我国《公路桥涵设计通用规范》(JTGD60 - 2004)中亦有明确记载,将河冰弯曲强度取为抗压强度的 0.7 倍。

(5)冰弹性模量

弹性模量的定义是应力与应变的比值,代表的是应力 - 应变曲线的斜率,是一种最重要的、最具特征的力学性质,是物体变形难易程度的表征。一般冰体弹性模量的研究方法有两种:静态测量和动态测量,静态测量的结果比动态测量值要稍低一些,同时由于存在黏弹性,静态测量的结果也要相比动态测量结果更加多变,也更难以解读。冰的弹性模量与温度和应力加载速率同样存在着密切的关系。研究表明,河冰压缩弹性模量随冰温的变化,有明显的脆点:总体上,在温度处于 $0 \sim 30$ ℃范围内,在同一应变速率下,河冰压缩弹性模量随着冰温降低而增大, -30 ℃时达到极大值; -30 ℃以下时,随着冰温降低压缩弹性模量呈减小趋势。冰体的弹性模量随应力加载速率改变的变化明显,并存在极值点,在温度一定的条件下,当应力加载速率小于某一个范围时,随着加载速率的增大,弹性模量随之增大;当弹性模量达到极值点之后,随着加载速率的继续增大,弹性模量逐渐减小。通常情况下冰体的弹性模量极大值出现在 $2.857 \times 10^{-3} \sim 0.952 \times 10^{-3}$ kN/s 之间。

(6)冰的泊松比

在弹性范围内大多数材料服从虎克定律,即变形与受力成正比。纵向应力与纵向应变的比例常数就是材料的弹性模量 E,也叫杨氏模量。横向应变与纵向应变之比值称为泊松比 μ,也叫横向变形系数,它是反映材料横向变形的弹性常数。泊松比的测量方法也分为静态和动态两种,测量结果同样跟温度和应力加载速率密切相关。通常情况下,冰体的泊松比在 0.33 附近,在冰体发生蠕变的时候会上升至 0.5 左右。

3.冰对护岸结构破坏机理

每年春季冰雪消融、江河融化,冰层化解并顺水流移动,大面积冰排在水流的推动下产生很大的动能,对河道两旁的护岸结构形成巨大的撞击力。当与护岸结构发生撞击时冰的破坏模式与冰速有着非常大的关系,在慢速状态下冰会发生塑性破坏,随着冰速的加快冰的破坏形式逐步过渡为裂纹损伤破坏,继续加快冰速,冰会发生纯脆性破坏。

自然河流中冰凌在与护岸结构作用时充当风、水流和潮等环境力的介质,将环境力传递给结构物。冰与结构物相互作用的过程是一个涉及诸多因素的复杂过程,通常情况下当流动的冰排撞击到结构物表面时可能产生的结果有以下三种:

①冰凌体积和水流速度都很小,当流动的冰块撞击到结构物表面时并没有达到冰体的破坏强度,冰排没有发生破坏,停滞在结构物表面处,随后随着水流继续流动,对结构物造成一定的摩擦破坏;

②冰凌随水流流动速度较快,当撞击到结构物表面时因为达到破坏强度而发生破坏,此时冰排对结构物的作用力达到最大值;

③冰凌体积较大,当随水流撞击到结构物表面时与结构物表面接触并发生部分破碎,冰排停滞下来并在结构物表面形成堆积。

在这三种现象当中危害最大的是第二种现象,冰排直接撞击到结构物表面并发生破碎,此时冰对护岸结构的撞击力为最大作用力。通常情况下冰的破坏形式有以下六种。

（1）挤压破坏

挤压破坏是由于冰凌或冰排破碎以后顺流漂下,与护岸结构发生撞击时,由于冰受到挤压力大于冰体抗压强度而发生逐块破碎。

（2）弯曲破坏

弯曲破坏通常发生在冰排与斜坡式护岸结构相撞时,沿着斜坡上爬形成受弯的梁或板,最终因弯曲而破坏。

（3）屈曲破坏

屈曲破坏是指冰排撞击到护岸表面时,由于受压力作用位置不在接触面的形心,冰体产生偏心作用,失稳发生上边缘或下边缘隆起,形成向上的屈曲面破坏。

（4）纵向剪切破坏

纵向剪切破坏是指冰排与护岸结构物撞击形成剪切力,当冰排达到剪切强度极限时会产生与运动方向平行的水平裂。

（5）摩擦破坏

摩擦破坏是由于冰排与护岸结构表面发生摩擦产生裂纹,继而发生破坏。

（6）混合型破坏

混合型破坏是指冰排同时具有以上几种破坏形式而致使冰排发生破坏。

5.1.3　设计思路

根据现有的护岸结构特点以及流凌对结构的破坏原理,本节提出基于地下连续墙的新型半直立半斜坡式护岸结构概念。新型护岸结构设计思路主要从两个方面出发:改变冰凌对护岸结构的破坏方式和改变冰凌对护岸结构的作用位置。

1.改变冰凌破坏方式

松花江干流堤防原护岸结构为斜坡式护岸结构,由于斜坡的存在,冰凌撞击到斜坡面,容易发生挤压破坏和弯曲破坏共同作用的混合型破坏。在沿斜坡面上爬过程中,冰凌易造成斜坡面护坡材料开缝断裂、或在冰凌作用下产生爬坡等位移变形。新型护岸结构坡脚部分采用地下连续墙结构,足够长的嵌固深度确保了结构抗倾、抗滑稳定性,同时地下连续墙结构能够有效防止冰凌撞击斜坡面时的弯曲破坏,将冰凌破坏方式变为单一挤压破坏类型,从而起到有效降低冰凌对护岸结构作用力的效果。

2. 改变冰凌破坏位置

松花江干流堤防原护岸结构为斜坡式护岸结构,发生冰凌灾害时冰的作用位置一般位于斜坡面上。斜坡面材料通常采用预制混凝土块、现浇混凝土板、模袋混凝土、浆砌块石、干砌石、抛石和土工网垫植皮等,在冰凌作用下很容易发生开缝断裂,或在冰凌作用下产生爬坡、隆起、错位、推移等变形破坏。新型护岸结构护脚部分采用地下连续墙结构,能够将冰凌对结构作用点位置从斜坡面转移到连续墙上,避免了材料开封断裂、斜坡面发生变形等损失。

春季开江,很多地区护岸结构面临冻胀、冰推等破坏,究其原因主要有以下两点:首先,固脚埋深浅,不防冻,护脚结构是整个护岸工程中至关重要的结构部分,护脚的稳定性直接决定着上部护岸结构的稳定性。护脚埋深浅会使其处于冰推、冻拔等冰力作用部位,包括冰层膨胀压力和冰凌撞击力等作用于护脚结构上,牵动护坡大面积向上推移,造成护脚松动,结构坍塌;其次,护脚结构体积小,质量轻,在正常情况下具有足够的稳定性,但在面对冰凌撞击时,由于需要承受冰推、冻胀、浪淘等作用,发生隆起、错位、松动、推移等变形,严重破坏了护脚结构的平整性和稳定性,从而易引发结构坍塌。新型护岸结构针对这两点原因进行优化设计,护脚结构采用了地下连续墙结构,足够的埋深确保了墙体在支撑上部结构时的抗倾、抗滑稳定性,钢筋混凝土材料的地下连续墙结构足够的体积和自重确保了面对流凌撞击时的整体稳定性,避免了护岸结构由于遭受冰凌撞击而破坏。

后续将通过设计计算和 ABAQUS 数值模拟分析,分别针对地下连续墙不同浇筑位置和不同嵌固深度面对冰荷载和地震荷载共同作用下的结构力学性能响应进行研究,并给出分析结论。

5.1.4　松花江干流堤防设计背景

1. 地质资料

松花江流域位于中国东北地区的北部,介于北纬 41°42′ ~ 51°38′、东经 119°52′ ~ 132°31′之间,松花江全长 1 927 km,东西长 920 km,南北宽 1 070 km,跨越内蒙古自治区、吉林省、黑龙江省,流域面积 54.55 × 10^4 km²,占黑龙江总流域面积 184.3 × 10^4 km² 的30.2%,年径流量 762 × 10^8 m³。堤防区位于松花江干流平原区,沿江两岸地形较平坦,地势自两岸向河床缓倾斜,自西(上游)向东(下游)渐低。

堤防区宾县以西属松嫩平原东部,宾县以东进入连接松嫩平原与三江平原的干流河谷平原段,区内主要地貌单元可划分为剥蚀低山丘陵、剥蚀堆积台地、堆积一级阶地及堆积河漫滩。松花江干流堤防共勘察护岸 68 段,钻孔揭露岩性主要为第四系全新统冲积层(alQ4),地层自上而下大致为低液限黏土、粉土、含细粒土砂、粉土质砂及级配不良砂、砾等。低液限黏土土层深度 0 ~ 2 m,压缩系数 0.34 MPa⁻¹,凝聚力 28.9 kPa,内摩擦角21.7°,地基与基础摩擦系数 0.25;级配不良粗砂土层深度 2 ~ 7 m,内摩擦角为 28°,外摩擦角 δ 为 9.33°,容许承载压强 180 kPa。

2. 水文资料

松花江干流共有 5 个水文站、2 个水位站,分别为下岱吉水文站、哈尔滨水文站、木兰水位站、通河水文站、依兰水文站、佳木斯水文站和富锦水位站。

各水文(位)测站基本情况如下:

(1)下岱吉水文站

下岱吉水文站位于松花江干流右岸的吉林省扶余县长春岭镇长久村,地理坐标为东经

125°24′,北纬 45°25′,集水面积 363 923 km²,现属吉林省水文水资源勘测局。该站 1939 年 5 月设为水位站,1945 年停测,1949 年 9 月复设为水位站,1953 年 5 月改为水文站。其基本水尺为假定基面,与 1956 年黄海基面高程换算关系为

$$H_{黄海} = H_{假} + 27.12 \qquad (5-1)$$

（2）哈尔滨水文站

哈尔滨水文站位于松花江干流中游段哈尔滨市河干街,1995 年基本水尺断面下移 1 500 m 至老头湾处,地理坐标为东经 126°37′,北纬 45°40′,流域面积为 389 769 km²,现属黑龙江省水文局,为松花江流域实测资料较长测站之一,观测项目有水位、流量、降水、蒸发、水温和水化学等。该站基本水尺为大连基面,与 1956 年黄海基面高程换算关系为

$$H_{黄海} = H_{大连} + 0.03 \qquad (5-2)$$

（3）木兰水位站

木兰水位站位于松花江干流中游左岸的黑龙江省木兰县木兰镇,地理坐标为东经 128°02′、北纬 45°56′,现属黑龙江省水文局。该站始建于 1949 年 11 月,水位站高程系统冻结基面为大连基面,与 1956 年黄海基面高程换算关系为

$$H_{黄海} = H_{大连} - 0.06 \qquad (5-3)$$

（4）通河水文站

通河水文站位于松花江干流中游左岸的黑龙江省通河县通河镇,地理坐标为东经 128°45′、北纬 45°58′,距河口 454 km,集水面积 450 077 km²,现属黑龙江省水文局。该站中华人民共和国成立前有不连续的水位观测资料,中华人民共和国成立后,1951 年 7 月由当时的松江省人民政府农业厅水利局设为水位站,1954 年合省后由黑龙江省水利厅领导,1955 年改为水文站。

通河水文站测验河段顺直部分约 1 100 m,左岸控制条件良好,右岸洪水期漫滩可达 3 200 m,在基本水尺断面上游 1 800 m 处有岔林河从左岸汇入,4 000 m 处有蚂蚁河从右岸汇入,这两条河对该站水位、流速及含砂量均有影响。通河水文站高程系统冻结基面为大连基面,与 1956 年黄海基面高程换算关系为

$$H_{黄海} = H_{大连} - 0.08 \qquad (5-4)$$

（5）依兰水文站

依兰水文站位于松花江干流中游右岸的黑龙江省依兰县依兰镇,地理坐标为东经 129°33′、北纬 46°20′,距河口 352 km,集水面积 491 706 km²,现属黑龙江省水文局。该站中华人民共和国成立前有不连续的观测资料,中华人民共和国成立后,于 1950 年 6 月由当时的松江省人民政府农业厅水利局复设为三姓水位站,1954 年合省后由黑龙江省水利厅领导,1961 年改为水文站。

依兰水文站在基本水尺断面上游 1 700 m 处有牡丹江从右岸汇入。1936 年基本水尺断面设在依兰码头上游约 300 m 处,1938 年又向下游迁移 344 m,在当时的伪满航务局北,1950 年又在该位置复设,至今无变动。依兰水文站高程系统冻结基面为大连基面,与 1956 年黄海基面高程换算关系为

$$H_{黄海} = H_{大连} + 0.01 \qquad (5-5)$$

（6）佳木斯水文站

佳木斯水文站位于松花江干流下游右岸的佳木斯市通江街,地理坐标为东经 130°20′,

北纬 46°50′,集水面积 528 277 km²,现属黑龙江省水文局。1934 年 10 月设为水位站,1945 年停测,1949 年 4 月复设为水位站,1953 年 7 月改为水文站。由于河道控制条件的改变,断面位置先后变动 5 次。1949 年复设为水位站后,基本水尺断面设在新码头上游永安街北,1953 年 7 月断面上迁 2 800 m,位于江桥下游 600 m 处,至今无变动。佳木斯站高程系统冻结基面为大连基面,与 1956 年黄海基面高程换算关系为

$$H_{黄海} = H_{大连} + 0.24 \tag{5-6}$$

（7）富锦水位站

富锦水位站位于松花江干流下游的富锦市,地理坐标为东经 132°02′,北纬 47°16′,现属黑龙江省水文局。该站于 1939 年 12 月设立,1945 年停测,1949 年 5 月在原断面处复设为水位站,水尺断面位置至今无变动。富锦水位站高程系统冻结基面为大连基面,与 1956 年黄海基面高程换算关系为

$$H_{黄海} = H_{大连} + 0.03 \tag{5-7}$$

本书研究区段属汤原县胜利堤段,设计高水位 83.82 m,枯水位 76.57 m,枯水流量 1 388 m³/s,施工期枯水流量 1 998 m³/s,施工期枯水位 76.98 m。

3. 泥沙与冰情资料

（1）泥沙

根据哈尔滨水文站实测悬移质资料分析,多年平均悬移质输沙量为 6.78 × 10⁶ t,多年平均悬移质含沙量为 0.187 kg/m³,年侵蚀模数为 19.1 t/km²。悬移质输沙量的年内分配与水量的年内分配基本一致,一般集中在汛期,尤其是 7、8 月份,且沙量比水量更为集中,经统计,哈尔滨水文站汛期 7~9 月份输沙量占年输沙量的 70%。根据佳木斯水文站 1956—2000 年实测悬移质资料分析,多年平均年悬移质输沙量为 1.247 × 10⁷ t,多年平均含沙量为 0.177 kg/m³,多年平均年输沙模数为 23.60 t/km²。悬移质输沙量的年内分配与水量的年内分配基本一致,一般集中在汛期,尤其是 7、8 月份,且沙量更为集中,经统计,佳木斯水文站汛期 7~9 月份输沙量占年输沙量的 69%。

（2）冰情

松花江为季节性封冻河流,按哈尔滨水文站、通河水文站实测冰情资料统计,松花江每年 11 月中旬左右封江,第二年 4 月上旬左右开江。哈尔滨水文站多年平均封冻日期为 11 月 24 日,最早封冻日期为 11 月 8 日,多年平均开江日期为 4 月 9 日,最晚开江日期为 4 月 16 日,多年平均封冻天数为 135 天,多年平均流冰天数 15 天(春秋两次合计),多年平均畅流期天数 208 天,多年平均年最大冰厚为 0.92 m。哈尔滨水文站最大冰块尺寸为 650 m × 300 m,多年平均最大冰块尺寸为 490 m × 180 m。根据佳木斯水文站实测冰情资料统计,松花江每年 11 月中旬左右封江,第二年 4 月中旬左右开江。佳木斯水文站多年平均封冻日期为 11 月 10 日,最早封冻日期为 11 月 6 日,多年平均开江日期为 4 月 13 日,最晚开江日期为 4 月 24 日,多年平均封冻天数为 144 天,多年平均流冰天数 13 天(春秋两次合计),多年平均畅流期天数 208 天,多年平均最大冰厚为 1.13 m。

4. 地震与区域稳定性

沿松花江干流无地震活动记载,根据文献[74]记载,肇源西部地区(0 +000 ~ 66 +000)地震动峰值加速度为(0.15 ~ 0.10)g,相当于地震基本烈度Ⅶ度;其余地区地震动峰值加速度为 0.05 g,地震动反应谱特征周期为 0.35 s,相对应的基本烈度值为小于等于Ⅵ度。初步认为肇源西部地区区域构造稳定性较差,其余地区构造稳定性良好。本次研究中,将地震

基本烈度取为Ⅶ度,地震动峰值加速度分别为0.1 g、0.2 g和0.4 g,以确保模拟过程更加贴近真实地震情况,研究结果更有说服力。

5.1.5 基于新型结构的松花江干流堤防设计研究

新型护岸结构设计方案共分为两大类:

第Ⅰ类:原护岸护脚位置浇筑地下连续墙结构,嵌固深度分别为3.5 m、5 m、6.5 m和9 m,墙体宽度为0.6 m;

第Ⅱ类:原护岸中间位置浇筑地下连续墙结构,嵌固深度分别为4 m、5 m和7 m,墙体宽度为0.6 m。两种类型共计7种工况,为方便辨别,分别以第Ⅰ类A、B、C、D工况模型和第Ⅱ类A、B、C工况模型命名。

1. 第Ⅰ类A工况

(1)设计条件

护岸顶高程81.61 m,护岸底高程78.46 m,墙顶高程78.46 m,墙底高程74.96 m,斜坡面坡度1:2。工程地质条件:级配不良粗砂,内摩擦角$\varphi = 28°$,外摩擦角$\delta = 9.33°$,容许承载力$[R] = 180$ kPa;级配不良中砾,内摩擦角$\varphi = 32°$,外摩擦角$\delta = 10.67°$,容许承载力$[R] = 200$ kPa。码头面有200 mm混凝土铺面,200 mm碎石垫层。根据规范,混凝土重度取24 kN/m³,碎石重度取17 kN/m³。

材料系数取值表如表5-1所示。

表5-1 材料系数取值表

材料名称	重度/(kN/m³)		内摩擦角φ/(°)
	$\gamma_{水上}$	$\gamma_{水下}$	
混凝土 C25	24	14	—
块石	17	10	45
级配不良粗砂	19.2	9.6	28
级配不良中砾	20.41	10.56	32

(2)设计方案

第Ⅰ类A工况为在原护岸护脚位置浇筑地下连续墙结构,墙体长度3.5 m,嵌固深度3.5 m,厚度0.6 m,如图5-3所示。

(3)土压力计算

①按下列公式计算土体与墙壁间外摩擦角δ。

计算墙后主动土压力时涉及的外摩擦角δ:级配不良粗砂$\delta = 1/3\varphi = 9.33°$;级配不良中砾,$\delta = 1/3\varphi = 10.67°$;

计算墙前主动土压力时涉及的外摩擦角δ:级配不良粗砂$\delta = 1/3\varphi = 9.33°$;级配不良中砾,$\delta = 1/3\varphi = 10.67°$;

计算墙前被动土压力时涉及的外摩擦角δ:中砂$\delta = 2/3\varphi$,在本案例中计算得δ为13.13°;

计算墙后被动土压力时涉及的外摩擦角δ:中砂$\delta = 2/3\varphi$,在本案例中计算得δ

为 −13.13°。

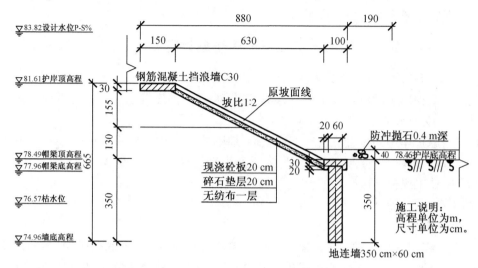

图 5−3 第 I 类 A 工况横断面图

②土压力系数计算。

由式(5−8)计算主动土压力系数,即

$$K_a = \frac{\cos^2\varphi}{\cos\delta\left[1 + \sqrt{\dfrac{\sin(\varphi+\delta)\sin\varphi}{\cos\delta}}\right]^2} \tag{5−8}$$

根据库伦土压力查表,当填土表面倾斜时,$\beta = 26.565°$,查得 $K_a = 0.777$。

由式(5−9)计算得被动土压力系数为

$$K_p = \frac{\cos^2\varphi}{\cos\delta\left[1 - \sqrt{\dfrac{\sin(\varphi+\delta)\sin\varphi}{\cos\delta}}\right]^2} \tag{5−9}$$

式中　　K_a——主动土压力系数;

　　　　K_p——被动土压力系数;

　　　　δ——外摩擦角,(°);

　　　　φ——土体的内摩擦角,(°)。

计算结果如表 5−2 所示。

表 5−2 板桩墙土压力系数计算表

土层	$\varphi/(°)$	持久组合、短暂组合							
		墙后主动土		墙前主动土		墙前被动土		墙后被动土	
		$\delta/(°)$	K_a	$\delta/(°)$	K_a'	$\delta/(°)$	K_p	$\delta/(°)$	K_p'
粗砂	28	9.33	0.777	9.33	0.777	20.0	1.932	−20.0	1.868
中砾	32	10.67	0.593	10.67	0.593	13.13	2.368	−13.13	2.368

③土压力计算。

一般按照式(5-10)计算土体本身产生的水平主动土压力,即

$$e_{ax} = \left(\sum \gamma_i h_i \right) K_a \cos \delta - 2c \frac{\cos \varphi \cos \delta}{1 + \sin(\varphi + \delta)} \tag{5-10}$$

一般按照式(5-11)计算码头面均布荷载产生的主动土压力,即

$$e_{aqx} = q K_a \cos \delta \tag{5-11}$$

式中　e_{ax}——主动土压力强度标准值的水平分量(由土体本身产生,当 $e_{ax} < 0$ 时,取 $e_{ax} = 0$),kN/m^2;

　　　γ_i——计算面以上各层土的重度,kN/m^3;

　　　h_i——计算面以上各层土的厚度,m;

　　　c——黏聚力,kN/m^2;

　　　e_{qx}——主动土压力强度标准值的水平分量(由码头地面人群均布荷载作用产生),kN/m^2;

　　　q——码头面均布荷载的标准值,kN/m^2。

一般按照式(5-12)计算土体本身产生的水平被动土压力,即

$$e_{px} = \left(\sum \gamma_i h_i \right) K_p \cos \delta + 2c \frac{\cos \varphi \cos \delta}{1 - \sin(\varphi + \delta)} \tag{5-12}$$

式中　e_{px}——水平的被动土压力强度标准值,kN/m^2;

　　　K_p——被动土压力系数。

计算结果如下:

墙底土层水平抗力标准值 e_{pi} 为 69.25 kN/m^2;

墙底土层水平荷载标准值 e_{ai} 为 26.48 kN/m^2;

墙底以上基坑内侧各土层水平抗力标准值的合力之和 $\sum E_{pj}$ 为 125.39 kN/m^2;

墙底以上基坑内侧各土层水平荷载标准值的合力之和 $\sum E_{ai}$ 为 84.26 kN/m^2;

设定弯矩零点位置以上基坑外侧各土层水平荷载标准值的合力之和 $\sum E_{ac}$ 为 14.58 kN/m^2;

设定弯矩零点位置以上基坑内侧各土层水平抗力标准值的合力之和 $\sum E_{pc}$ 为 5.33 kN/m^2。

(4)结构参数计算

该护岸结构类型属于单层支点支护结构,建筑基坑侧壁重要性系数 γ 取二级,$\gamma_0 = 1$。计算过程如下。

①单层支点支护结构嵌固深度,必须满足以下条件:

$$h_p \sum E_{pj} - 1.2 \gamma_0 h_a \sum E_{ai} \geqslant 0 \tag{5-13}$$

式中　$\sum E_{pj}$——桩、墙底以上基坑内侧各土层水平抗力标准值 e_{pjk} 的合力之和;

　　　h_p——合力 $\sum E_{pj}$ 作用点到桩、墙底的距离;

　　　γ_0——建筑基坑侧壁重要性系数,按安全等级确定,一级 $\gamma_0 = 1.1$,二级 $\gamma_0 = 1.0$,三级 $\gamma_0 = 0.9$;

$\sum E_{ai}$——桩、墙底以上基坑外侧各土层水平荷载标准值 e_{aik} 的合力之和；

h_a——合力 $\sum E_{ai}$ 作用点至桩、墙底的距离。

②支点力可按式(5-14)计算：

$$T_{c1} = \frac{h_{a1}\sum E_{ac} - h_{p1}\sum E_{pc}}{h_{T1} + h_{c1}} \qquad (5-14)$$

式中　$\sum E_{ac}$——设定弯矩零点位置以上基坑外侧各土层水平荷载标准值的合力之和；

h_{a1}——合力 $\sum E_{ac}$ 作用点到设定弯矩零点的距离；

$\sum E_{pc}$——设定弯矩零点位置以上基坑内侧各土层水平荷载标准值的合力之和；

h_{p1}——合力 $\sum E_{pc}$ 作用点到设定弯矩零点的距离；

h_{T1}——支点至基坑底面的距离；

h_{c1}——基坑底面到设定弯矩零点位置的距离

③嵌固深度设计值 h_d 根据式(5-15)确定，即

$$h_p\sum E_{pj} + T_{c1}(h_{T1} + h_d) - 1.2\gamma_0 h_a\sum E_{ai} \geqslant 0 \qquad (5-15)$$

式中　h_d——地下连续墙的嵌固深度；

T_{c1}——地下连续墙支点力。

④抗滑稳定性验算。

根据文献[67]，黏性土地基抗滑稳定条件应满足式(5-16)：

$$\gamma_0(\gamma_E E_H + \gamma_{pw} P_w + \gamma_p P_B) \leqslant (\gamma_G G + \psi\gamma_E E_V + \gamma_M P_{BM})f/\gamma_d \qquad (5-16)$$

式中　γ_0——结构重要性系数，建筑安全等级为 2 级。根据规范，取为 1.0；

γ_d——结构系数，根据规范，取为 1.0；

γ——自重力分项系数，根据规范，取为 1.0；

G——作用在计算面上的结构自重力的标准值，kN；

f——沿计算面的摩擦系数设计值。根据规范，取为 0.6；

γ_E——土压力的分项系数，根据规范，永久作用取为 1.35；

γ_{pw}——系缆力分项系数，根据规范，极端高水位时取为 1.3，其他情况下均取 1.4；

ψ——作用效应组合系数，根据规范，取为 0.7；

P_B——波谷作用时计算面以上水平波吸力的标准值，kN；

E_H、E_V——分别为计算面以上永久作用总主动土压力的水平分力标准值和竖向分力标准值，kN；

γ_p——波浪水平力分项系数；

γ_M——波浪浮托力分项系数，根据规范，永久作用取为 1.30；

γ_G——自重力分项系数，根据规范取 1.0；

P_{BM}——作用在计算面以上的波浪浮托力的标准值，kN；

P_W——系缆力水平分力标准值。

⑤抗倾稳定性验算

根据文献[63]，护岸结构抗滑稳定条件应满足：

$$\gamma_0(\gamma_E M_{EH} + \gamma M_{pw} + \gamma_P M_{PBM}) \leqslant (\gamma_G M_G + \gamma_E M_{EV} + \gamma_\mu M_{PB\mu})/\gamma_d \qquad (5-17)$$

式中　M_{EH}、M_{EV}——分别为计算面以上永久作用总主动土压力的水平分力标准值和竖向分力标准值对计算面前趾的倾覆力矩和稳定力矩，$kN \cdot m$；

M_G——结构自重力标准值对计算面前趾的稳定力矩，$kN \cdot m$；

γ_d——结构系数，根据规范，取为 1.25；

M_{PBM}——波谷作用时，作用在计算面上的波浪浮托力标准值对计算面前趾的稳定力矩，$kN \cdot m$；

$M_{\rho w}$——剩余水压力标准值对计算面前趾的倾覆力矩，$kN \cdot m$；

$M_{PB\mu}$——波谷作用时，水平波浪力标准值对计算面前趾的稳定力矩，$kN \cdot m$。

⑥地基承载力验算。

根据文献［67］，护岸结构地基承载力稳定条件应满足：

$$\sigma_\gamma - \gamma_0 \times \gamma_\sigma \times \sigma_{max} \geqslant 0 \tag{5-18}$$

式中　γ_σ——基床顶面最大应力分项系数，取 1.0；

σ_{max}——基床顶面最大应力标准值，kPa；

σ_γ——基床抗力设计值，根据地基条件确定 $\sigma_\gamma = 180 \ kPa$。

根据规范，在外荷载作用下地基不出现拉应力，即地基最小压应力应满足：

$$\sigma_{min} \geqslant 0 \tag{5-19}$$

式中　σ_{min} 为基床顶面最小应力标准值，kPa。

计算结果如下。

支点力 T_{c1} 为 8.65 kN。

合力 $\sum E_{pj}$ 作用点到墙底的距离 h_p 为 1 m。

合力 $\sum E_{ai}$ 作用点到墙底的距离 h_a 为 0.64 m。

合力 $\sum E_{ac}$ 作用点到设定弯矩零点的距离 h_{a1} 为 0.52 m。

合力 $\sum E_{pc}$ 作用点到设定弯矩零点的距离 h_{p1} 为 0.15 m。

基坑底面到设定弯矩零点位置的距离 h_{c1} 为 0.48 m。

抗倾稳定性验算：左式 $\gamma_0(\gamma_E M_{EH} + \gamma M_{Pw} + \gamma_P M_{PBM})$ 为 44.16 kN · m/m；

右式 $(\gamma_G M_G + \gamma_E M_{EV} + \gamma_\mu M_{PB\mu})/\gamma_d$ 为 65.34 kN · m/m；

左式 < 右式，满足抗倾稳定性验算。

抗滑稳定性验算：左式 $\gamma_0(\gamma_E E_H + \gamma_{pw} P_w + \gamma_P P_B)$ 为 35.16 kN · m/m；

右式 $(\gamma_G G + \psi \gamma_E E_V + \gamma_M P_{BM})f/\gamma_d$ 为 52.6 kN · m/m；

左式 < 右式，满足抗滑稳定性验算。

地基承载力验算：左式 $\gamma_0 \times \gamma_\sigma \times \sigma_{max}$ 为 89.36 kPa；

右式 σ_y 为 180 kPa；

左式 < 右式，满足地基承载力验算。

参数计算结果如表 5-3 所示。

表 5－3　第Ⅰ类 A 工况参数统计表

h_{p1}/m	h_d/m	$e_{pj}/(kN/m^2)$	$e_{ai}/(kN/m^2)$	$\sum E_{pj}/(kN/m^2)$
0.15	3.5	69.25	26.48	125.39
$\sum E_{ai}/(kN/m^2)$	h_{a1}/m	h_{c1}/m	$\sum E_{ac}/(kN/m^2)$	$\sum E_{pc}/(kN/m^2)$
84.26	0.52	0.48	14.58	5.33
h_p/m	h_a/m	T_{c1}/kN	$M_G/[(kN\cdot m)/m]$	$M_{EH}/[(kN\cdot m)/m]$
1	0.64	8.65	26.85	43.18
抗倾稳定性验算/[(kN·m)/m]		抗滑稳定性验算/[(kN·m)/m]		地基承载力验算
左式(44.16) < 右式(65.34)	稳定	左式(35.16) < 右式(52.6)	稳定	满足

2. 第Ⅰ类 B 工况

(1) 设计条件

护岸顶高程 81.61 m，护岸底高程 78.46 m，墙顶高程 78.46 m，墙底高程 73.46 m，斜坡面坡度 1:2。其他设计条件不变。

(2) 设计方案

第Ⅰ类 B 工况为在原护岸护脚位置浇筑地下连续墙结构，墙体长度 5 m，嵌固深度 5 m（其中预留冲深 1 m），厚度 0.6 m。第Ⅰ类 B 工况横断面图如图 5－4 所示。

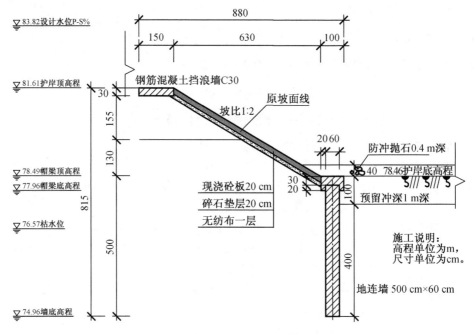

图 5－4　第Ⅰ类 B 工况横断面图

(3) 参数计算

参数计算结果如表 5－4 所示。

表 5 - 4　第 I 类 B 工况参数统计表

h_{p1}/m	h_d/m	$e_{pj}/(kN/m^2)$	$e_{ai}/(kN/m^2)$	$\sum E_{pj}/(kN/m^2)$
0.29	5	81.63	43.33	163.26
$\sum E_{ai}/(kN/m^2)$	h_{a1}/m	h_{c1}/m	$\sum E_{ac}/(kN/m^2)$	$\sum E_{pc}/(kN/m^2)$
114.05	0.69	0.86	18.46	7.55
h_p/m	h_a/m	T_{c1}/kN	$M_G/[(kN\cdot m)/m]$	$M_{EH}/[(kN\cdot m)/m]$
1.33	1.75	12.29	45.28	68.47
抗倾稳定性验算/[(kN·m)/m]		抗滑稳定性验算/[(kN·m)/m]		地基承载力验算
左式(69.15) < 右式(97.18)	稳定	左式(54.82) < 右式(86.2)	稳定	满足

3. 第 I 类 C 工况

(1)设计条件

护岸顶高程 81.61 m,护岸底高程 78.46 m,墙顶高程 78.46 m,墙底高程 71.96 m,斜坡面坡度 1:2。

其他设计条件不变。

(2)设计方案

第 I 类 C 工况为在原护岸护脚位置浇筑地下连续墙结构,墙体长度 6.5 m,嵌固深度 6.5 m(其中预留冲深 1.5 m),厚度 0.6 m,如图 5 - 5 所示。

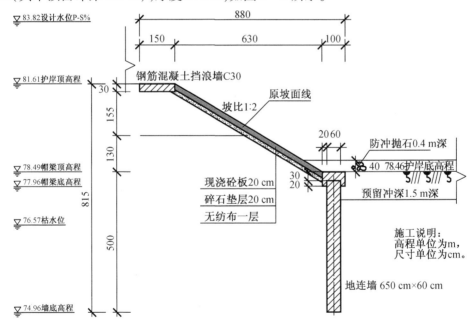

图 5 - 5　第 I 类 C 工况横断面图

(3)结构参数计算

参数计算结果如表 5 - 5 所示。

表5-5 第Ⅰ类C工况参数统计表

h_{p1}/m	h_d/m	$e_{pj}/(kN/m^2)$	$e_{ai}/(kN/m^2)$	$\sum E_{pj}/(kN/m^2)$
0.40	6.5	102.04	55.64	255.10
$\sum E_{ai}/(kN/m^2)$	h_{a1}/m	h_{c1}/m	$\sum E_{ac}/(kN/m^2)$	$\sum E_{pc}/(kN/m^2)$
188.28	0.98	1.20	36.10	14.69
h_p/m	h_a/m	T_{c1}/kN	$M_G/[(kN\cdot m)/m]$	$M_{EH}/[(kN\cdot m)/m]$
1.67	2.25	24.59	76.18	96.17
抗倾稳定性验算/[(kN·m)/m]		抗滑稳定性验算/[(kN·m)/m]		地基承载力验算
左式(98.15)<右式(140.8)	稳定	左式(35.16)<右式(133)	稳定	满足

4. 第Ⅰ类D工况

(1)设计条件

护岸顶高程81.61 m,护岸底高程78.46 m,墙顶高程78.46 m,墙底高程69.46 m,斜坡面坡度1:2。

其他设计条件不变。

(2)设计方案

第Ⅰ类D工况是在原护岸护脚位置浇筑地下连续墙结构,墙体长度9 m,嵌固深度9 m(其中预留冲深2.0 m),厚度0.6 m。如图5-6所示。

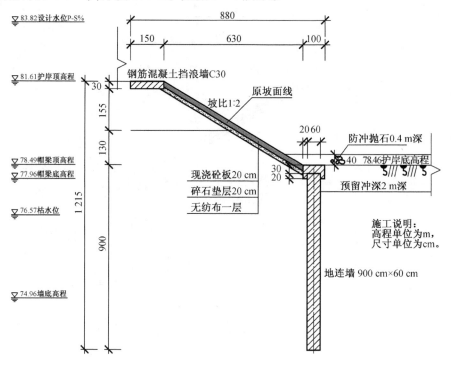

图5-6 第Ⅰ类D工况横断面图

(3)结构参数计算

参数计算结果如表5-6所示。

表 5－6　第 I 类 D 工况参数统计表

h_{p1}/m	h_d/m	$e_{pj}/(kN/m^2)$	$e_{ai}/(kN/m^2)$	$\sum E_{pj}/(kN/m^2)$
0.51	9.0	142.86	76.16	499.99
$\sum E_{ai}/(kN/m^2)$	h_{a1}/m	h_{c1}/m	$\sum E_{ac}/(kN/m^2)$	$\sum E_{pc}/(kN/m^2)$
353.02	1.26	1.53	59.22	31.22
h_p/m	h_a/m	T_{c1}/kN	$M_G/[(kN \cdot m)/m]$	$M_{EH}/[(kN \cdot m)/m]$
2.33	3.09	38.36	94.28	113.35
抗倾稳定性验算/[(kN·m)/m]		抗滑稳定性验算/[(kN·m)/m]		地基承载力验算
左式(44.16)<右式(65.34)	稳定	左式(35.16)<右式(52.6)	稳定	满足

5. 第 II 类 A 工况

(1)设计条件

护岸顶高程 81.61 m，护岸底高程 78.46 m，墙顶高程 79.46 m，墙底高程 74.46 m，斜坡面坡度 1:2。

其他设计条件不变。

(2)设计方案

第 II 类 A 工况是在原护岸距离岸边水平距离 2 m 位置浇筑地下连续墙结构，墙体长度 5 m，嵌固深度 4 m(墙体露出地面部分高 1.0 m)，厚度 0.6 m，如图 5－7 所示。

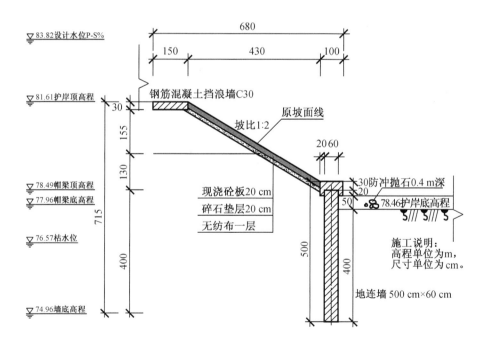

图 5－7　第 II 类 A 工况横断面图

(3)结构参数计算

参数计算结果如表 5－7 所示。

表 5-7 第 Ⅱ 类 A 工况参数统计表

h_{p1}/m	h_d/m	$e_{pj}/(kN/m^2)$	$e_{ai}/(kN/m^2)$	$\sum E_{pj}/(kN/m^2)$
0.29	4.0	81.63	43.33	163.26
$\sum E_{ai}/(kN/m^2)$	h_{a1}/m	h_{c1}/m	$\sum E_{ac}/(kN/m^2)$	$\sum E_{pc}/(kN/m^2)$
114.05	0.69	0.86	18.46	7.55
h_p/m	h_a/m	T_{c1}/kN	$M_G/[(kN \cdot m)/m]$	$M_{EH}/[(kN \cdot m)/m]$
1.33	1.75	12.29	59.72	81.76
抗倾稳定性验算/[(kN·m)/m]		抗滑稳定性验算/[(kN·m)/m]		地基承载力验算
左式(82.95)<右式(120.4)	稳定	左式(91.3)<右式(150.1)	稳定	满足

6. 第 Ⅱ 类 B 工况

(1)设计条件

护岸顶高程 81.61 m,护岸底高程 78.46 m,墙顶高程 79.96 m,墙底高程 73.46 m,斜坡面坡度 1:2。

其他设计条件不变。

(2)设计方案

第 Ⅱ 类 B 工况是在原护岸距离岸边水平距离 3 m 位置浇筑地下连续墙结构,墙体长度 6.5 m,嵌固深度 5 m(墙体露出地面部分高 1.5 m),厚度 0.6 m,如图 5-8 所示。

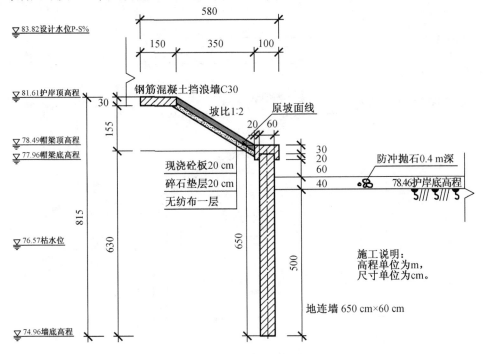

图 5-8 第 Ⅱ 类 B 工况横断面图

(3)结构参数计算

参数计算结果如表 5-8 所示。

表5-8　第Ⅱ类B工况参数统计表

h_{p1}/m	h_d/m	$e_{pj}/(kN/m^2)$	$e_{ai}/(kN/m^2)$	$\sum E_{pj}/(kN/m^2)$
0.40	6.5	102.04	55.64	255.10
$\sum E_{ai}/(kN/m^2)$	h_{a1}/m	h_{c1}/m	$\sum E_{ac}/(kN/m^2)$	$\sum E_{pc}/(kN/m^2)$
188.28	0.98	1.20	36.10	14.69
h_p/m	h_a/m	T_{c1}/kN	$M_G/[(kN\cdot m)/m]$	$M_{EH}/[(kN\cdot m)/m]$
1.67	2.25	24.59	76.18	96.17
抗倾稳定性验算/[(kN·m)/m]		抗滑稳定性验算/[(kN·m)/m]		地基承载力验算
左式(98.15)<右式(140.8)	稳定	左式(79.58)<右式(133)	稳定	满足

7. 第Ⅱ类C工况

（1）设计条件

护岸顶高程81.61 m,护岸底高程78.46 m,墙顶高程80.46 m,墙底高程71.46 m,斜坡面坡度1:2。

其他设计条件不变。

（2）设计方案

第Ⅱ类C工况是在原护岸距离岸边水平距离4 m位置浇筑地下连续墙结构,墙体长度9 m,嵌固深度7 m(墙体露出地面部分高2.0 m),厚度0.6 m,如图59所示。

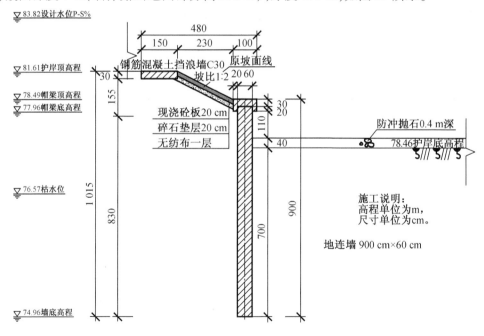

图5-9　第Ⅱ类C工况横断面图

（3）结构参数计算

参数计算结果如表5-9所示。

表 5 - 9　第 Ⅱ 类 C 工况参数统计表

h_{p1}/m	h_{d}/m	$e_{\text{pj}}/(\text{kN}/\text{m}^2)$	$e_{\text{ai}}/(\text{kN}/\text{m}^2)$	$\sum E_{\text{pj}}/(\text{kN}/\text{m}^2)$
0.51	9.0	142.86	76.16	499.99
$\sum E_{\text{ai}}/(\text{kN}/\text{m}^2)$	h_{a1}/m	h_{c1}/m	$\sum E_{\text{ac}}/(\text{kN}/\text{m}^2)$	$\sum E_{\text{pc}}/(\text{kN}/\text{m}^2)$
353.02	1.26	1.53	59.22	31.22
h_{p}/m	h_{a}/m	T_{c1}/kN	$M_{\text{G}}/[(\text{kN}\cdot\text{m})/\text{m}]$	$M_{\text{EH}}/[(\text{kN}\cdot\text{m})/\text{m}]$
2.33	3.09	38.36	94.28	113.35
抗倾稳定性验算/[(kN·m)/m]		抗滑稳定性验算/[(kN·m)/m]		地基承载力验算
左式(130.8)<右式(166.5)	稳定	左式(126.5)<右式(175)	稳定	满足

5.2　考虑冰凌作用下新型护岸结构静力分析研究

5.2.1　模型构建

1. 工程概况

本节针对前一节松花江干流堤防工程新型护岸结构初步设计方案中每种工况进行 ABAQUS 三维有限元数值模型建立,原护岸顶高程 81.61 m,护岸底高程 78.46 m,斜坡面坡度 1:2。原护岸所在地域工程地质条件:级配不良粗砂,内摩擦角 $\varphi = 28°$,外摩擦角 $\delta = 9.33°$,容许承载力 $[R] = 180$ kPa;级配不良中砾,内摩擦角 $\varphi = 32°$,外摩擦角 $\delta = 10.67°$,容许承载力 $[R] = 200$ kPa。码头面有 200 mm 混凝土铺面,200 mm 碎石垫层。设计高水位 83.82 m,枯水位 76.57 m,枯水流量 1 388 m³/s,施工期枯水流量 1 998 m³/s,施工期枯水位 76.98 m。

2. 有限元模型建立

根据上述工程概况进行有限元数值模型建立,这里以第 Ⅱ 类 B 工况模型为例,墙体宽度 0.5 m。土体范围的选择既要满足精度要求又要尽可能地提高计算效率,经过试算取墙后土体长度 5.2 m,墙前土体长度 5 m,模型总长度 10.7 m,墙体以下土体厚度 6.85 m,墙体两侧土体厚度 11.85 ~ 15 m,单元类型选择实体单元,建立模型如图 5 - 10 所示。

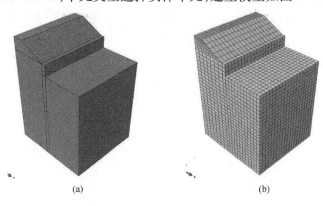

(a)　　　　　　　　　　　　(b)

图 5 - 10　第 Ⅱ 类 B 工况模型建立

(a)几何模型;(b)数值模型

3. 材料本构模型及参数设置

地下连续墙材料为混凝土，强度等级为 C30，抗压强度设计值为 14.3 MPa，抗拉强度设计值为 1.43 MPa，密度为 2 500 kg/m³，弹性模量 E 为 2.95×10^4 GPa，泊松比 μ 为 0.2，本构模型弹性阶段选用线弹性模型，塑性阶段选用混凝土损伤塑性模型。根据前述理论可以求出强度等级 C30 混凝土的压缩和拉伸屈服阶段的应力应变关系，如表 5 – 10 ~ 表 5 – 13 所示。土体自上而下主要由含砂低液限黏土组成，密度为 1 800 kg/m³，弹性模量 E 为 9 GPa，泊松比 μ 为 0.22，内摩擦角为 32°，屈服应力为 10 MPa，凝聚力 28.9 kPa。本构模型选用线弹性模型和 Mohr – Coulomb 模型。各材料相关参数如表 5 – 14 所示。

表 5 – 10　C30 混凝土压缩屈服应力与应变的关系

屈服应力/MPa	14.3	5.7	3.33	2.35	1.81	1.47	1.24	1.07	0.945	0.844
应变/10^{-3}	0	2.31	4.44	6.53	8.6	10.7	12.7	14.8	16.9	18.9

表 5 – 11　C30 混凝土压缩损伤因子与应变的关系

损伤因子	0	0.53	0.70	0.78	0.82	0.85	0.88	0.89	0.90	0.91
应变/10^{-3}	0	0.953	1.91	2.86	3.81	4.77	5.72	6.67	7.63	8.58

表 5 – 12　C30 混凝土拉伸屈服应力与应变的关系

屈服应力/MPa	1.43	0.542	0.366	0.287	0.24	0.209	0.186	0.169	0.155	0.144
应变/10^{-4}	0	2.32	4.43	6.51	8.58	10.7	12.7	14.8	16.9	18.9

表 5 – 13　C30 混凝土拉伸损伤因子与应变的关系

损伤因子	0	0.53	0.70	0.78	0.82	0.85	0.88	0.89	0.90	0.91
应变/10^{-4}	0	0.82	1.65	2.47	3.30	4.12	4.95	5.77	6.59	7.42

表 5 – 14　模型材料参数表

材料	弹性模量/GPa	泊松比	内摩擦角/(°)	黏聚力/kPa	密度/(kg/m³)	阻尼比
混凝土墙	29 500	0.20	—	—	2 500	0.05
地基土	9	0.22	32	28.9	1 800	0.1

4. 网格划分

在几何模型建立完成，并且所有对象材料属性和本构模型赋予完毕之后，需要将三维数值模型分成有限个细小单元以执行有限元计算，即网格划分。网格划分对于有限元数值模型运算和结果精度来说至关重要，理论上网格划分越细计算精度越高，但并非网格划分越细越好，因为随着网格密度增加，软件计算时间和存储空间也在相应增加。因此，在满足计算精度要求的前提下合适的网格密度尺寸对于计算来说十分重要。考虑研究新型护岸结构在地震荷载作用下的结构动力响应，因此网格划分需要满足地震荷载的要求。有限单元的竖向尺寸不应大于输入的地震波最短波长的 1/8 ~ 1/5，因此单元高度为

$$h_{\max} = \left(\frac{1}{5} - \frac{1}{8} \right) \frac{V_5}{f_{\max}} \tag{5 – 20}$$

式中 V_5——剪切波波速；

f_{max}——地震波最大波动频率。

通常情况下地震波频率均在 10 Hz 以下,土层剪切波一般大于 90 m/s,因此,根据式(5-20)计算得出单元竖向最大尺寸小于 1 m。水平方向单元尺寸没有过多要求,通常情况下取为竖向单元的 3~5 倍。综合以上要求,由于混凝土地下连续墙为主要研究对象,因此将地下连续墙网格划分细密一些,对网格进行种子加密处理,网格尺寸为 0.5 m,地基土部分网格最小尺寸 0.5 m,最大部分 1.5 m。为了使计算结果更加贴近真实情况,模型网格采用线性六面体 Hex 单元。对于有限元模型中的混凝土和土体结构,当需要划分网格较细时,使用三维 8 节点减缩积分单元(C3D8R)可以更加准确地进行计算分析,因此在划分网格过程中混凝土地下连续墙结构和地基土结构均采用 8 节点减缩积分单元 C3D8R。第 II 类 B 工况数值模型网格划分如图 5-11 所示。

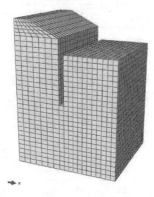

图 5-11 第 II 类 B 工况数值模型网格划分

5.边界条件、接触设置及冰荷载加载方案

(1)边界条件处理

在运用 ABAQUS 软件对新型护岸结构进行数值模拟分析时,边界条件处理对计算结果的准确性有很大的影响。分析结构的受力情况,在不考虑船行波等外荷载作用下,新型护岸结构受到水平方向的冰撞击力和竖直方向的重力。因此,对护岸模型地基土进行固定约束,对 X 方向两侧、Z 方向两侧进行约束,约束 U1、U2、U3 方向的平动和转动自由度,对底面 Y 方向进行约束,约束 U2 方向自由度,墙体与地基接触面摩擦接触对,摩擦系数为 0.3。

(2)接触设置

即使两个实体之间或者一个装配件的两个区域之间在空间位置上是互相接触的,若不进行定义 ABAQUS 也不会自动认为两者之间存在着接触关系。接触关系对于模型计算来说非常重要,因为混凝土地下连续墙结构为主要研究内容,本模型中将墙与前方、后方土体的接触面定义为主动面,将墙体与土体侧面接触面接触类型定义为面对面接触,墙体底面与地基土接触面定义为绑定约束。

(3)荷载施加

在静力分析过程中需要建立 3 分析步,第 1 个分析步施加重力荷载,第 2 个分析步施加水平集中力,第 3 个分析步施加面均布荷载,用来模拟冰排撞击到结构物表面上的极值冰力。根据研究,水平集中力 F 取值为 2 500 kN,面均布荷载强度 $q = 100$ MPa。分析步类型均采用静力显示分析,加载方式为力加载。

(4)特征点选取

在新型护岸结构数值模拟过程中,混凝土地下连续墙结构是研究主要对象,因此特征点选取在墙体与土体接触面上。由于冰排顺流而下撞击护岸,护岸结构左侧墙体不仅要承受冰排极值冰力,而且要承受侧面较大的土压力作用,因此选取特征点 A 和特征点 B 位置如图 5 – 12 所示,并连接 AB 两点,取 AB 为特征线段。

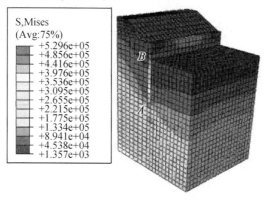

图 5 – 12　特征点示意图

6. 初始地应力平衡

初始地应力平衡对于墙—土结构来说是不可忽视的重要环节,在进行结构地震荷载作用下动力响应分析之前需要对地基进行初始地应力平衡。地应力通常分为竖直地应力和水平地应力,水平地应力受地质、地形、构造和土体物理力学性质等诸多因素影响,只能根据实测资料进行分析,所以这里只分析竖直地应力。图 5 – 13 分别为 7 种工况模型平衡后的应力和位移图,平衡后模型极值应力为 171 kPa,小于允许最大应力;平衡后竖向位移极值为 0.164 mm,此时可认为土体已经完成了重力作用下的固结平衡,具有重力作用下的初始应力场,地应力平衡成功。

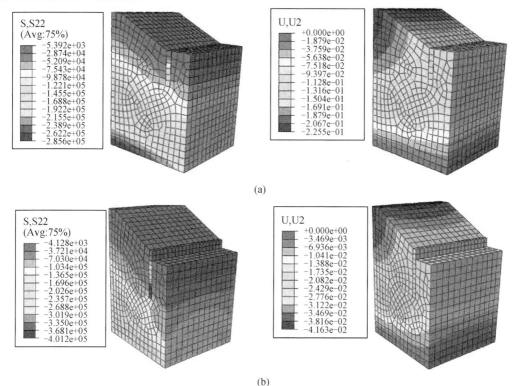

(a)

(b)

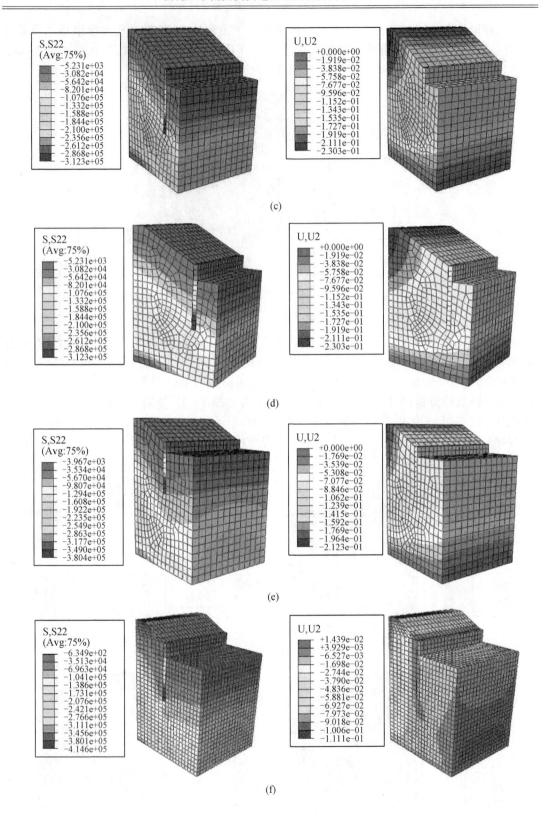

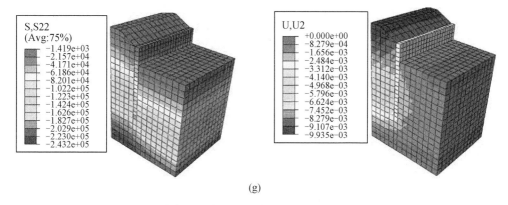

(g)

图5-13　地应力平衡下模型应力、位移分布图(单位:m)
(a)第Ⅰ类A工况模型竖向应力图第Ⅰ类A工况模型竖向位移图;
(b)第Ⅰ类B工况模型竖向应力图第Ⅰ类B工况模型竖向位移图;
(c)第Ⅰ类C工况模型竖向应力图第Ⅰ类C工况模型竖向位移图;
(d)第Ⅰ类D工况模型竖向应力图第Ⅰ类D工况模型竖向位移图;
(e)第Ⅱ类A工况模型竖向应力图第Ⅱ类A工况模型竖向位移图;
(f)第Ⅱ类B工况模型竖向应力图第Ⅱ类B工况模型竖向位移图;
(g)第Ⅱ类C工况模型竖向应力图第Ⅱ类C工况模型竖向位移图

本书后续将分别针对7种工况模型进行数值模拟静力分析,从墙身位移、应力响应和墙后土压力响应角度进行分析,选取考虑冰凌作用下稳固性能最优的工况模型,以进行地震作用下结构动力性能响应分析。

5.2.2　静力分析

1.墙身位移和应力响应

分析过程中分别针对7种工况进行极值冰力加载,荷载类型如前所述,每种工况模型应力和位移分布云图如图5-14所示。观察应力分布云图可发现,随着地下连续墙嵌固深度的增加,Mises应力最大值也在增加,第Ⅰ类工况模型最大Mises应力值从85.01 kPa升至175 kPa,第Ⅱ类工矿模型最大Mises应力值从69.94 kPa升至171 kPa,但都没有超过允许应力值。Mises应力最大值出现位置均位于墙体与土体接触底端,应力变化规律呈墙体顶端到底端线性递增规律,这说明了极值冰力撞击地下连续墙结构时墙体的底端是最危险部位,体现了结构材料对极值冰力荷载的放大效应。观察水平位移分布云图可知,在极值冰力静荷载作用下墙体的水平位移分布呈沿墙高从下至上线性递增规律,最大水平位移值均出现在墙体顶端,且随着墙体嵌固深度的增加,墙顶水平位移随之增加,最大位移的最大值为2.85 mm,出现在第Ⅰ类C工况模型中;最大位移的最小值为0.29 mm,出现在第Ⅱ类B工况模型中。分析两组云图可知,在同等冰荷载作用下,产生Mises应力和位移变形最小的为第Ⅱ类B工况模型,即距离岸边3 m位置浇筑地下连续墙,墙体嵌固深度5 m,墙体宽度0.6 m工况模型。整体受力情况较为均匀且冰荷载作用下产生的水平位移几乎为零。如表5-15所示。

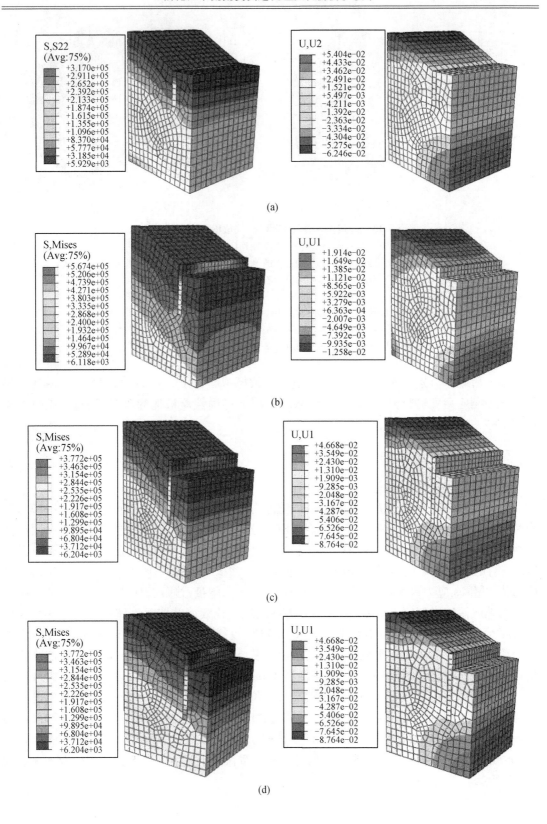

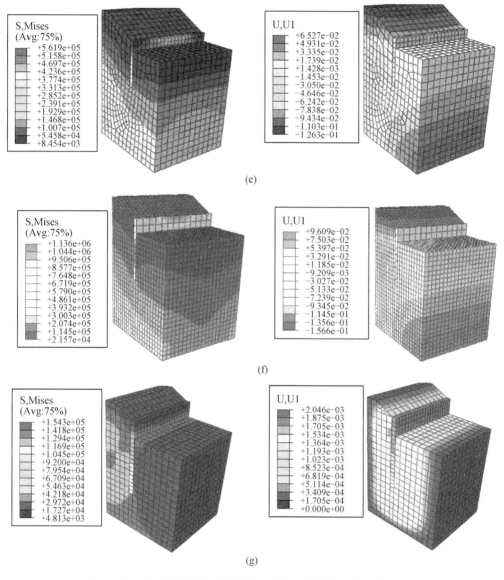

(e)

(f)

(g)

图 5 - 14　考虑冰荷载作用下 Mises 应力、位移分布图（单位:m）

（a）第 Ⅰ 类 A 工况模型 Mises 应力图第 Ⅰ 类 A 工况模型位移图；

（b）第 Ⅰ 类 B 工况模型 Mises 应力图第 Ⅰ 类 B 工况模型位移图；

（c）第 Ⅰ 类 C 工况模型 Mises 应力图第 Ⅰ 类 C 工况模型位移图；

（d）第 Ⅰ 类 D 工况模型 Mises 应力图第 Ⅰ 类 D 工况模型位移图；

（e）第 Ⅱ 类 A 工况模型 Mises 应力图第 Ⅱ 类 A 工况模型位移图；

（f）第 Ⅱ 类 B 工况模型 Mises 应力图第 Ⅱ 类 B 工况模型位移图；

（g）第 Ⅱ 类 C 工况模型 Mises 应力图第 Ⅱ 类 C 工况模型位移图

表 5 – 15　Mises 应力、水平位移统计表

模　型	第Ⅰ类A	第Ⅰ类B	第Ⅰ类C	第Ⅰ类D	第Ⅱ类A	第Ⅱ类B	第Ⅱ类C
应力最大值/kPa	80.01	180.7	175.1	165.1	69.94	171	169.5
位移最大值/mm	1.065	2.315	2.85	2.83	1.62	0.292	2.64
是否小于允许值	是	是	是	是	是	是	是

2. 墙后土压力响应

土体作用在建筑物上的力被称为土压力,墙后土压力指土体由于自重或外荷载作用而产生的促使建筑物向前倾覆或移动的力。由于结构具有对称性,在分析墙后土压力响应时只需要提取任意一处土压力即可。提取 7 种工况模型墙体特征点 A 和 B 连线墙后土压力,处理计算数据,绘制墙后土压力沿墙高分布曲线图,如图 5 – 15 所示。

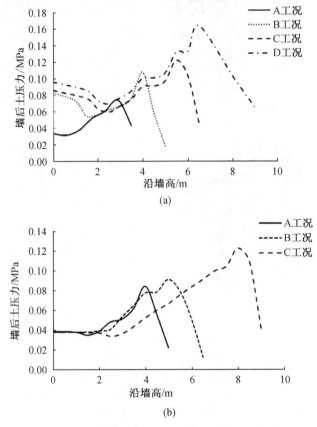

图 5 – 15　新型护岸结构模型墙后土压力沿墙高分布
(a)第Ⅰ类工况模型墙后土压力分布;(b)第Ⅱ类工况模型墙后土压力分布

分析两组模型墙后土压力沿墙高分布曲线可知,每个工况模型墙后土压力沿墙高呈先上升后下降趋势,符合静力条件下的库伦土压力分布规律。土压力分布曲线的峰值均位于靠近墙底 1/3 墙高处,说明了土压力的合力作用点为沿墙靠近墙底 1/3 墙高处,符合库伦土压力理论分析结论。第Ⅰ类工况模型的墙后土压力峰值分别为 0.07 MPa、0.076 MPa、0.097 MPa 和 0.164 MPa;第Ⅱ类工况模型的墙后土压力峰值分别为 0.084 MPa、0.091 MPa

和 0.109 MPa,由此可以得出第 Ⅰ 类工况模型的土压力峰值普遍大于第 Ⅱ 类工况模型土压力峰值,相同地下连续墙高度条件下,两者峰值差值为 6.19%。

综合以上两组模型 Mises 应力、位移分布云图和墙后土压力分布曲线可以发现,所有工况模型在地应力平衡和极值冰力作用下的应力和位移分布都很规整,并没有超过应力或位移允许最大值的现象发生,墙后土压力也符合静力条件下的库伦土压力分布规律。通过对比分析计算结果,在 7 个工况模型中 Mises 应力和位移分布最为规律、土压力分布最平缓且峰值较小的是第 Ⅱ 类 B 工况,即距离岸边 3 m 位置浇筑地下连续墙,墙体嵌固深度 5 m 的工况模型,因此接下来将以该种工况模型为主要研究对象,完成对其的结构静力响应分析和地震荷载动力性能响应分析。

3. 土体内摩擦角对结构静力响应的影响

基于上述模型,采用控制变量法,只改变土体内摩擦角,分析土体内摩擦角发生改变后对结构静力响应分布的影响,包括结构墙身位移、应力以及墙后土压力的分布情况。

(1)土体内摩擦角对结构墙身应力和位移的影响

根据已有文献报道,改变土体内摩擦角和桩土之间摩擦系数会对结构静力响应产生一定的影响,由于桩土间摩擦系数可由土体内摩擦角通过计算公式求出,因此,这里只研究土体内摩擦角对结构的影响,分别对不同的土体内摩擦角 0°、10°、20°、30° 进行计算,得出对应的桩土间摩擦系数分别为 0、0.017、0.235 和 0.345,并对不同内摩擦角进行模拟计算。

图 5-16 为 4 种不同土体内摩擦角作用下该工况模型的墙身应力和位移分布曲线图,由图 5-16(a)中曲线可知,在 $c < 20°$ 时,随着 c 增大,墙身 Mises 应力峰值逐渐减小,最小值为 81.65 kPa;在 c 增至 30° 之后,墙身应力峰值异常增加,应力峰值为 175.64 kPa。由图 5-16(b)中曲线可知,墙身水平位移随内摩擦角 c 变化趋势相同,在 $c < 20°$ 时,随着 c 增大,墙身水平位移峰值随之增大,正向峰值为 0.143 mm,负向峰值为 0.289 mm;在 c 增至 30° 之后,墙身应力峰值异常减小,正向峰值为 0.025 9 mm,负向峰值为 0.094 8 mm。

(2)土体内摩擦角对结构墙后土压力的影响

图 5-17 为不同内摩擦角下结构墙后土压力沿墙高分布图,根据分布曲线可知,随着 c 的变化,墙后土压力分布曲线趋势大致一致,随着 c 从 0° 增至 30°,墙后土压力峰值逐渐减小,最大值为 0.26 MPa,出现在 $c = 0°$ 时,最小值为 0.246 MPa,出现在 $c = 30°$ 时。

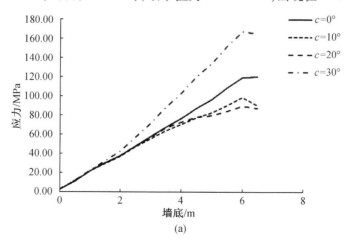

(a)

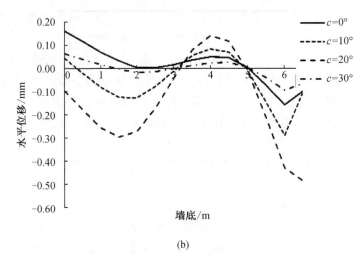

(b)

图 5 - 16　结构墙身 Mises 应力和水平位移分布图

（a）墙身 Mises 应力；（b）墙身水平位移

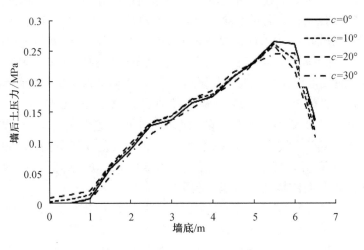

图 5 - 17　墙后土压力分布图

以上研究说明了适当修改土体内摩擦角可以对结构应力、位移和土压力分布产生影响，当土体内摩擦角 c 在 20°附近时，护岸结构的墙身应力、位移和墙后土压力等力学性能参数峰值最低，此时护岸结构处于较为稳定状态。

4. 墙体嵌固深度对结构静力响应的影响

（1）墙体嵌固深度对结构墙身应力和位移的影响

图 5 - 18 和图 5 - 19 为不同墙体嵌固深度下结构墙身应力和位移分布响应的分布曲线，根据分布曲线可知，随着墙体嵌固深度增加，墙身 Mises 应力峰值和水平位移峰值随之增加，Mises 应力峰值最大值为 151 kPa，出现在第Ⅰ类 D 工况中，水平位移峰值最大值为 0.207 mm，出现在第Ⅱ类 C 工况中。由此可知，墙体嵌固深度越大，墙身在冰荷载作用下的应力和位移沿墙高分布峰值越大。

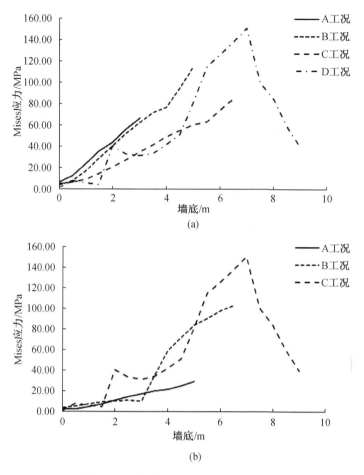

图 5 – 18 墙身 Mises 应力响应分布图

(a)第 I 类工况;(b)第 II 类工况

(2)墙体嵌固深度对结构墙后土压力的影响

图 5 – 20 为不同墙体嵌固深度下结构墙后土压力分布曲线图,由图可知,随着嵌固深度的增加,墙后土压力分布趋势不变,峰值增加,其中峰值最大值为 0. 169 MPa,最小值为0. 059 MPa。

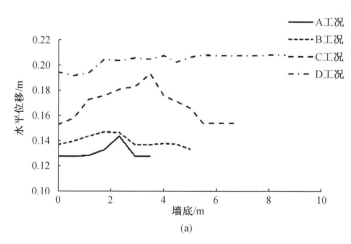

(a)

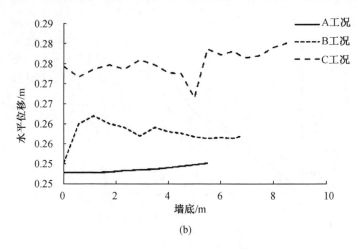

(b)

图 5−19 墙身水平位移分布图

（a）第Ⅰ类工况；（b）第Ⅱ类工况

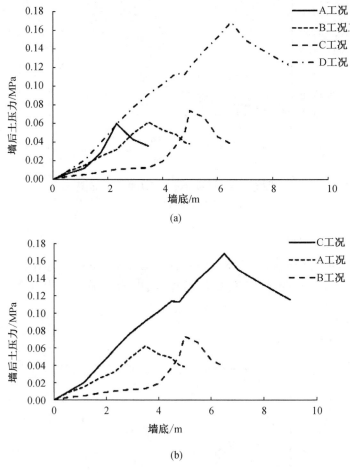

(a)

(b)

图 5−20 墙后土压力分布图

（a）第Ⅰ类工况；（b）第Ⅱ类工况

综上所述,随着墙体嵌固深度增加,护岸结构墙身应力、位移及墙后土压力峰值皆随之增加,考虑到施工成本与结构稳定,在满足稳定性的基础上可以减小墙体嵌固深度,以此提高护岸结构的经济性。

5. 墙体到岸线不同距离对结构静力响应的影响

(1)墙体到岸线不同距离对结构应力与位移的影响

根据前述设计成果,墙体到岸线的距离可分为 0 m、2 m、3 m 和 4 m,不同距离下结构应力与位移分布如图 5 - 21、图 5 - 22 所示,由图可知,墙体到岸线距离为 0 m 时结构 Mises 应力分布异常增加,墙体到岸线距离从 2 m 增至 4 m,墙身 Mises 应力分布趋势不变,但峰值随之增大,最大值为 151 kPa。随墙体到岸线距离增大,墙身水平位移逐步增大,虽分布趋势相同,但峰值逐渐提升,水平位移峰值最大值为 0.279 m。出现如此分布规律的原因可能在于随着墙体到岸线距离增加,墙体嵌固深度和整体长度出现相应增加所致。

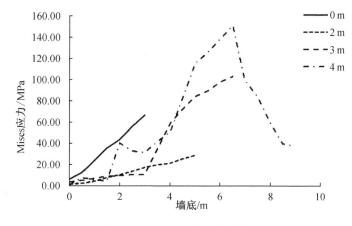

图 5 - 21　Mises 应力分布图

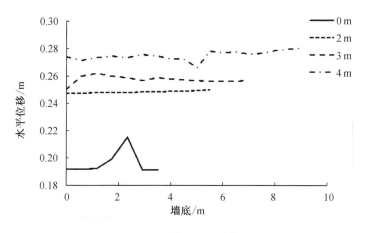

图 5 - 22　水平位移分布图

(2)墙体到岸线不同距离对结构墙后土压力的影响

根据计算结果绘制墙体到岸线不同距离下结构墙后土压力分布曲线,如图 5 - 23 所示。由图可知,随墙体到岸线距离增大,墙后土压力分布趋势相同,但峰值依次增大,最大值出现在墙体距岸线 4 m,最大值为 0.169 MPa,说明了墙体到岸线距离越大,墙体所承受的土压力越大。

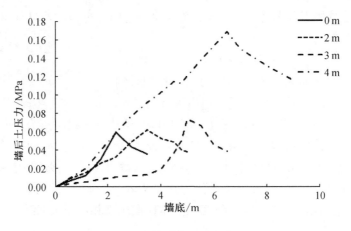

图 5-23 墙后土压力分布图

5.3 计入水平地震力的新型护岸结构动力响应分析

我国地处地球板块两个地震带之间,属地震频发区域,多年来很多水工建筑物被地震损坏。因此也提高了地震作用下护岸结构动力响应研究的必要性。本节选用代表性较强且记录完整的 EI-Centro 波、Taft 波和 Northridge 波 3 种地震波开展新型护岸结构动力响应分析,明确护岸结构在流凌和地震荷载共同作用下的响应规律,验证其结构稳定性。

5.3.1 模态分析

利用 ABAQUS 有限元软件对新型护岸结构进行地震动荷载作用下动力性能分析,需要完成结构模态分析。模态分析是用来提取结构自振频率、确定结构自震特性的一种方法。通过模态分析,可以求解得出结构的自振频率、各阶振型、振型参与系数及有效质量等动力特性。根据文献[68],要进行动力性能分析,应保证求解出的振型阶数足够多,使模型主要运动方向的有效质量占模型总质量的 90% 以上,本节模型求解前 350 阶振型可满足要求。新型护岸结构的前 10 阶自振频率和自振周期如表 5-16 所示。

表 5-16 新型护岸结构前 10 阶自振频率和自振周期

阶　　数	1	2	3	4	5
自振频率/Hz	3.703 9	3.708 0	3.724 4	3.728 4	3.729 7
自振周期/s	1.61	1.33	1.326	1.30	1.18
阶　　数	6	7	8	9	10
自振频率/Hz	3.730 2	3.770 6	3.812 5	3.815 9	3.832 2
自振周期/s	1.15	1.14	1.11	1.08	1.04

阻尼是结构动力分析中必不可少的因素之一,本节利用求解得出的前两阶结构的固有频率 ω_1 和 ω_2,根据式(5-21)和式(5-22)求解出土和钢筋混凝土的瑞利阻尼系数 α 和 β,

结果如表 5 - 17 所示。

$$\alpha = \frac{2\xi_i\omega_i\omega_j}{\omega_j + \omega_i} \quad (5-21)$$

$$\beta = \frac{2\xi_i}{\omega_j + \omega_i} \quad (5-22)$$

式中 ω_i, ω_j——护岸的第 i,j 阶振型的固有频率;

ξ_i, ξ_j——护岸的第 i,j 阶振型阻尼比,地基土阻尼比通常取 0.1,钢筋混凝土材料的阻尼比通常取 0.5。

表 5 - 17　材料阻尼比和阻尼系数

材料	阻尼比	α	β
地基土、回填土	0.10	0.068	0.146
钢筋混凝土	0.05	0.034	0.073

5.3.2　地震波强度对新型护岸结构动力响应的影响

本章以第 Ⅱ 类 C 工况模型为研究对象,通过输入 EI - Centro 波、Taft 波和 Northridge 波等 3 种常用的典型地震波加速度时程曲线进行新型护岸结构的动力性能分析。仅考虑水平方向地震作用,将 3 种地震波的加速度峰值分别调整至 0.1 g、0.2 g 和 0.4 g,对应于文献[48]规定的 7 度、8 度、9 度地震烈度,研究在同一种地震波作用下,地震强度变化对新型护岸结构地下连续墙动力响应的影响。不同强度下 3 种地震波加速度时程曲线如图 5 - 24 所示。

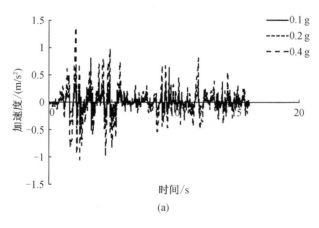

(a)

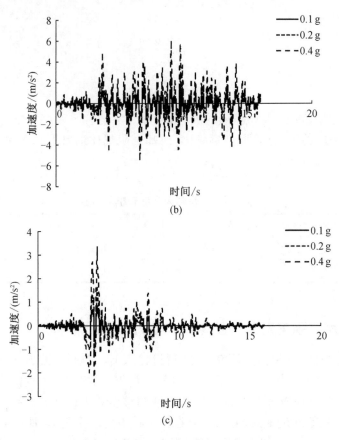

图 5 - 24　不同地震强度下地震波加速度时程曲线
（a）EI - Centro 波；（b）Taft 波；（c）Northridge 波

1. 墙身水平加速度

分别输入 3 种不同强度的地震波，整理计算数据并绘制特征点 A、B 的水平加速度时程曲线，如图 5 - 25 和图 5 - 26 所示。

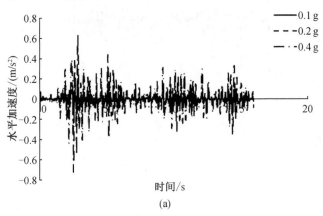

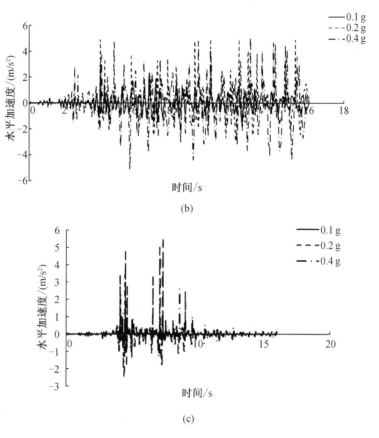

（b）

（c）

图 5 – 25　特征点 A 加速度时程曲线
（a）EI – Centro 波；（b）Taft 波；（c）Northridge 波

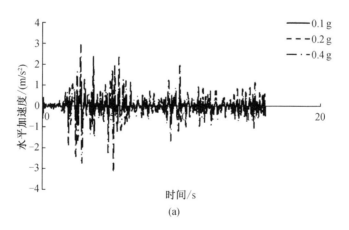

（a）

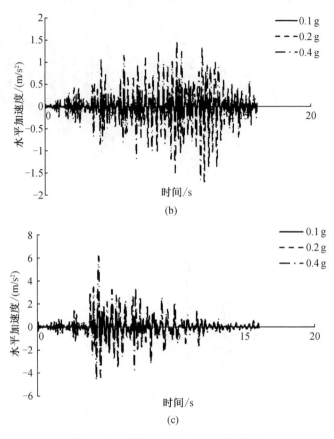

图 5 - 26 特征点 B 加速度时程曲线

（a）EI - Centro 波；（b）Taft 波；（c）Northridge 波

根据特征点 A 和 B 的水平加速度时程曲线可以看出，当分别输入地震强度为 0.1 g、0.2 g 和 0.4 g 的 EI - Centro 波时，特征点 A 对应的水平正向加速度（向水侧）峰值分别为 1.56 m/s²、3.09 m/s²、5.33 m/s²，水平负向加速度（向土侧）峰值分别为 1.52 m/s²、3.06 m/s²、7.25 m/s²，特征点 B 对应的水平正向加速度（向水侧）峰值分别为 0.771 m/s²、1.52 m/s²、2.92 m/s²，水平负向加速度（向土侧）峰值分别为 0.758 m/s²、1.53 m/s²、3.1 m/s²，相同强度 EI - Centro 地震波作用下 A 点正负向加速度峰值平均比为 0.92∶1，B 点加速度峰值平均比为 0.98∶1；当输入地震强度为 0.1 g、0.2 g 和 0.4 g 的 Taft 波时，特征点 A 对应的水平正向加速度（向水侧）峰值分别为 3.18 m/s²、4.93 m/s²、4.95 m/s²，水平负向加速度（向土侧）峰值分别为 1.75 m/s²、2.93 m/s²、5.13 m/s²，特征点 B 对应的水平正向加速度（向水侧）峰值分别为 0.371 m/s²、0.75 m/s²、1.49 m/s²，水平负向加速度（向土侧）峰值分别为 0.329 m/s²、0.697 m/s²、1.70 m/s²，相同强度 Taft 地震波作用下 A 点正负向加速度峰值平均比为 1.49∶1，B 点加速度峰值比为 1.03∶1；当输入地震强度为 0.1 g、0.2 g 和 0.4 g 的 Northridge 波时，特征点 A 对应的水平正向加速度（向水侧）峰值分别为 0.865 m/s²、3.415 m/s²、5.464 m/s²，水平负向加速度（向土侧）峰值分别为 0.707 m/s²、1.297 m/s²、2.481 m/s²，特征点 B 对应的水平正向加速度（向水侧）峰值分别为 1.38 m/s²、2.59 m/s²、6.171 m/s²，水平负向加速度（向土侧）峰值分别为 1.61 m/s²、3.21 m/s²、4.634 m/s²，相同强度 Northridge 地震波作用下 A 点正负向加速度峰值平均比为 2.019∶1，B 点加速度峰值平均比为 0.998:1。

　　根据特征点 A 和 B 在 3 种不同地震强度的地震波作用下水平加速度响应结果对比分析,可以得出结论:在相同地震波条件下,地震强度不同,结构水平加速度峰值也不同,变化规律为加速度峰值随着地震强度的增大而增大。对比相同强度条件下两个特征点处的加速度峰值可知,地下连续墙结构的加速度响应要大于土体底部的加速度响应,体现了土体对加速度的放大作用;对比分析特征点到达加速度峰值时间和地震波峰值时间可知,结构加速度到达峰值时间要稍迟于地震波峰值时间,体现了结构的动力响应滞后效应。

　　2. 墙顶水平动位移

　　观察模型位移云图可知,特征点 A 为模型最大位移点。输出特征点 A 在地震波作用下的水平动位移数据,绘制 A 点水平动位移在不同强度地震波作用下随时间变化曲线,如图 5-27 所示。观察曲线可知,当分别输入地震强度为 0.1 g、0.2 g 和 0.4 g 的 EI – Centro 波时,特征点 A 对应的水平动位移峰值分别为 1.64 cm、3.42 cm、6.98 cm,到达峰值的时间点分别为 4.24 s、4.34 s、4.26 s,此时地下连续墙向临水一侧运动;当分别输入地震强度为 0.1 g、0.2 g 和 0.4 g 的 Taft 波时,特征点 A 对应的水平动位移峰值分别为 2.69 cm、5.2 cm、9.84 cm,到达峰值的时间点分别为 3.22 s、3.24 s、3.24 s,此时地下连续墙向后方陆地一侧运动;当分别输入地震强度为 0.1 g、0.2 g 和 0.4 g 的 Northridge 波时,特征点 A 对应的水平动位移峰值分别为 1.51 cm、2.98 cm、5.72 cm,到达峰值的时间点分别为 3.62 s、3.58 s 和 3.60 s,此时地下连续墙向后方陆地一侧运动。通过分析曲线可知,在同一地震波作用下,随着地震强度的加强,结构水平动位移随时间变化曲线波动大体趋势不变,但振幅有所增加,即水平动位移随地震波强度增大而增大。

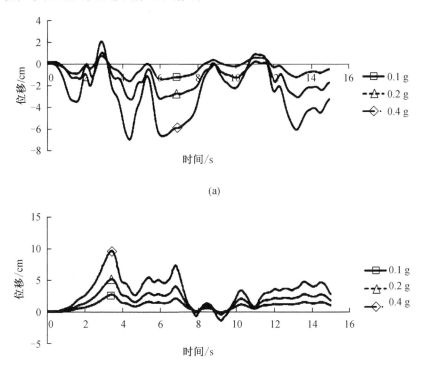

(a)

(b)

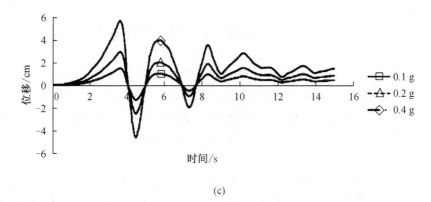

图 5 - 27　特征点 A 水平动位移时程曲线

（a）EI – Centro 波；（b）Taft 波；（c）Northridge 波

3. 墙身应力影响

（1）最大拉应力响应

通过模型应力分布云图（图 5 - 28）可知,模型在地震荷载作用下受拉状态良好,最大拉应力出现在墙底与土体接触处,这说明了新型护岸结构一旦发生受拉破坏,破坏位置将出现在墙体底端与土体接触的位置,即特征点 B 附近。因此这里重点分析研究特征点 B 处的拉应力在不同强度地震波作用下随时间变化的情况。特征点 B 处的拉应力在不同强度地震波作用下时程曲线如图 5 - 29 所示。由曲线可知,当分别输入地震强度为 0.1 g、0.2 g 和 0.4 g 的 EI – Centro 波时,特征点 B 的拉应力峰值分别为 0.27 MPa、0.292 MPa 和 0.311 MPa,到达峰值的时间点分别为 5.8 s、6.4 s 和 6.2 s,EI – Centro 波不同地震强度下 B 点拉应力峰值比例约为 1:1.08:1.15;当分别输入地震强度为 0.1 g、0.2 g 和 0.4 g 的 Taft 波时,特征点 B 的拉应力峰值分别为 0.42 MPa、0.517 MPa 和 0.881 MPa,到达峰值的时间点分别为 14.8 s、15.4 s 和 15.2 s,Taft 波不同地震强度下 B 点拉应力峰值比例约为 1:1.23:2.1;当分别输入地震强度为 0.1 g、0.2 g 和 0.4 g 的 Northridge 波时,特征点 B 的拉应力峰值分别为 0.296 MPa、0.344 MPa 和 0.365 MPa,到达峰值的时间点分别为 5.2 s、4.8 s 和 5.0 s,Northridge 波不同地震强度下 B 点拉应力峰值比例约为 1:1.16:1.23。分析拉应力时程曲线可知:结构最大拉应力与地震波强度约成正比关系,拉应力波动趋势随着地震波同步变化,地震波变化剧烈则拉应力波动亦剧烈,地震波变化缓慢则拉应力波动亦趋于平稳。结构拉应力波动振幅与地震波强度有关,但波动周期与波动趋势并不受地震波强度的影响。

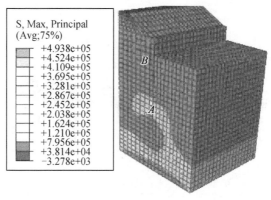

图 5 - 28　最大拉应力峰值分布云图（单位:Pa）

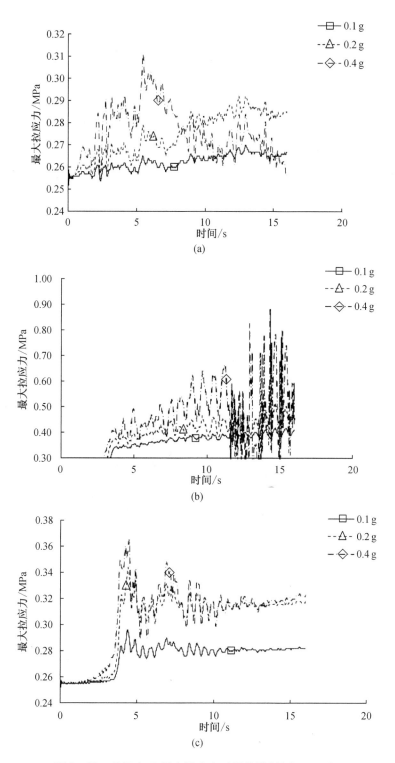

图 5 - 29　特征点 *B* 最大拉应力时程曲线(单位 : MPa)

(a) EI - Centro 波 ; (b) Taft 波 ; (c) Northridge 波

（2）最大压应力响应

通过模型应力分布云图（图5-30）可知，上部地基土整体处于受压状态，压应力在墙体顶端与土体接触处呈现应力集中现象，越靠近顶端，墙体的压应力越大。这说明新型护岸结构一旦发生受压破坏，破坏位置将出现在墙体顶端与土体接触的位置，即特征点 A 附近。因此这里重点分析研究特征点 A 处的压应力在不同强度地震波作用下随时间变化的情况。特征点 A 处的压应力在不同强度地震波作用下时程曲线如图5-31所示。由曲线可知，当分别输入地震强度为 0.1 g、0.2 g 和 0.4 g 的 EI-Centro 波时，特征点 A 对应的压应力峰值分别为 1.86 MPa、2.05 MPa 和 2.29 MPa，到达峰值的时间点分别为 5.78 s、5.82 s 和 5.8 s，地震结束时刻 A 点最大压应力值分别为 1.84 MPa、2.02 MPa 和 2.22 MPa，EI-Centro 波不同地震强度下 A 点压应力峰值比例约为 1:1.1:1.23；当分别输入地震强度为 0.1 g、0.2 g 和 0.4 g 的 Taft 波时，特征点 A 对应的压应力峰值分别为 1.88 MPa、2.0 MPa 和 2.32 MPa，到达峰值的时间点分别为 7.36 s、7.40 s 和 7.42 s，地震结束时刻 A 点最大压应力值分别为 1.84 MPa、1.96 MPa 和 2.22 MPa，Taft 波不同地震强度下 A 点压应力峰值比例约为 1:1.06:1.23；当分别输入地震强度为 0.1 g、0.2 g 和 0.4 g 的 Northridge 波时，特征点 A 对应的压应力峰值分别为 1.92 MPa、2.06 MPa 和 2.44 MPa，到达峰值的时间点分别为 4.32 s、4.26 s 和 4.28 s，地震结束时刻 A 点最大压应力值分别为 1.86 MPa、2.0 MPa 和 2.25 MPa，Northridge 波不同地震强度下 A 点压应力峰值比例约为 1:1.07:1.27。根据 A 点压应力时程曲线可知，结构最大压应力与地震波强度约成正比关系，压应力波动趋势随着地震波同步变化，地震波变化剧烈则压应力波动亦剧烈，地震波变化缓慢则压应力波动亦趋于平稳。结构压应力波动振幅与地震波强度有关，但波动周期与波动趋势并不受地震波强度的影响。

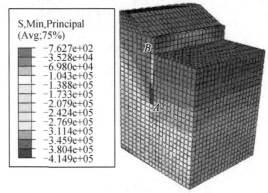

图5-30　最大压应力峰值分布云图（单位：Pa）

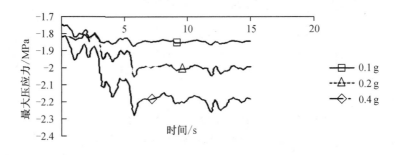

(a)

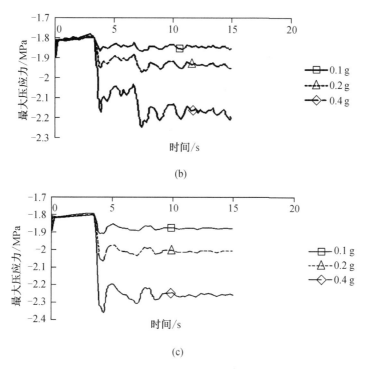

图 5 - 31　特征点 A 最大压应力时程曲线(单位:MPa)
(a)EI - Centro 波;(b)Taft 波;(c)Northridge 波

4. 墙后动土压力

墙后动土压力是研究新型护岸结构在地震荷载作用下的动力响应分析中的一个重要内容。由前述静力分析结果可知,地下连续墙结构与土体接触面处土压力较大,因此这里重点研究墙体与土体接触面处的动土压力分布和变化情况。输入三种不同强度的地震波,绘制地震波作用下墙后动土压力峰值分布如图 5 - 32 所示。分析动土压力峰值曲线可以发现,动土压力沿墙高分布呈抛物线形状,且在相同地震波作用条件下,不同地震强度导致的动土压力峰值也不同,会有不同程度的增大,但增大幅度并不与地震波增强幅度成正比。通过曲线可以看出,地震波类型不同,墙后动土压力峰值分布也有所差异。当输入地震强度为 0.1 g、0.2 g 和 0.4 g 的 EI - Centro 波时,动土压力峰值的极值为 0.22 MPa、0.23 MPa 和 0.24 MPa,出现位置大约在 4.5 m、4 m 和 3.7 m 附近,呈逐渐下降趋势,且随着地震强度的提升,墙体下半部分动土压力极值增大;当输入地震强度为 0.1 g、0.2 g 和 0.4 g 的 Taft 波时,动土压力峰值的极值为 0.23 MPa、0.24 MPa 和 0.25 MPa,出现位置大约在 4.5 m、4 m 和 4 m 附近,同样呈逐渐下降趋势,且随着地震强度的提升,墙体下半部分动土压力极值增大;当输入地震强度为 0.1 g、0.2 g 和 0.4 g 的 Northridge 波时,动土压力峰值的极值为 0.26 MPa、0.26 MPa 和 0.27 MPa,出现位置大约在 4.5 m、4.5 m 和 5 m 附近,呈逐渐上升趋势,且随着地震强度的提升,墙体下半部分动土压力极值减小,极值点位移逐渐上升。

对比静力分析过程中的墙后土压力峰值和三种不同强度的地震波作用下的动土压力峰值,绘制表格并计算放大系数。

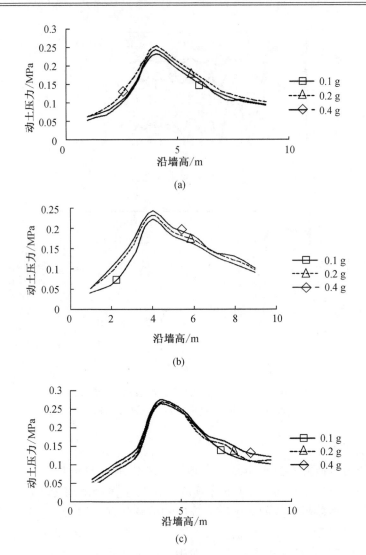

图 5-32　三种地震波不同强度下墙后动土压力峰值沿墙高分布曲线
（a）EI-Centro 地震波；（b）Taft 地震波；（c）Northridge 地震波

表 5-18　不同地震强度下动土压力最大处静、动土压力对比

地震波强度	EI-Centro 波/g			Taft 波/g			Northridge 波/g		
	0.1	0.2	0.4	0.1	0.2	0.4	0.1	0.2	0.4
动土压力峰值/MPa	0.22	0.23	0.24	0.23	0.24	0.25	0.26	0.26	0.27
静土压力/MPa	0.091								
放大倍数	2.47	2.53	2.64	2.53	2.64	2.75	2.86	2.86	2.97

5.3.3　不同地震波震动特性对新型护岸结构动力响应的影响

不同的地震波具有不同的相位、振幅和频谱特性等震动特性，输入的地震波不同，结构对其产生的动力响应也不同。通过在模型基底输入相同地震强度（0.2 g）条件下的 EI-

Centro 波、Taft 波和 Northridge 波加速度时程曲线的方式对结构进行不同地震波作用下动力响应分析,并归纳结构动力响应规律。

不同地震波最主要的区别在于具有不同的频谱特性。频谱特性反映振动现象的频率,是频率的分布曲线。通常周期性复杂的振动,例如地震等,一般选用傅立叶谱反映振动的频率分布。图 5 - 33 为三种地震波在地震强度为 0.2 g 时的傅立叶谱,根据傅立叶谱可以看出三种地震波的频率分布均以低频为主,其中 EI - Centro 波频率峰值出现的位置在 2 Hz 附近,峰值约为 0.34;Taft 波频率峰值出现的位置在 3 Hz 附近,峰值约为 0.16;Northridge 波频率峰值出现的位置在 1 Hz 附近,峰值约为 0.49。

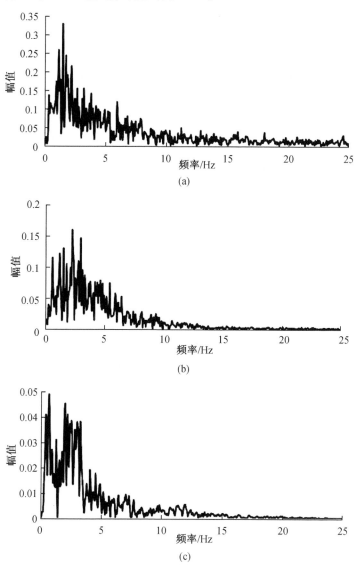

图 5 - 33　三种不同地震波傅立叶谱
(a) EI - Centro 地震波;(b) Taft 波;(c) Northridge 波

1. 墙身水平加速度

通过模型基底输入地震强度 0.2 g 条件下三种不同地震波加速度时程曲线,模拟新型护岸结构面对三种相同强度不同类型地震波作用下的结构动力响应。整理计算数据,绘制三种地震波作用下特征点 A、B 的水平加速度时程曲线如图 5-34 和图 5-35 所示。根据两组曲线图可以看出,不同地震波作用下墙身特征点的加速度时程曲线的峰值和到达时间均不相同。在输入地震强度 0.2 g 的 EI-Centro 波作用时,特征点 A 水平加速度正向峰值约为 3.09 m/s^2,到达峰值时间在 2.36 s 附近,负向峰值约为 3.06 m/s^2,到达峰值时间在 2.68 s 附近,特征点 B 水平加速度正向峰值约为 1.52 m/s^2,到达峰值时间在 6.26 s 附近,负向峰值约为 -1.53 m/s^2,到达峰值时间在 4.69 s 附近;在输入地震强度 0.2 g 的 Taft 波作用时,特征点 A 水平加速度正向峰值约为 3.41 m/s^2,到达峰值时间在 5.26 s 附近,负向峰值约为 -1.30 m/s^2,到达峰值时间在 9.24 s 附近,特征点 B 水平加速度正向峰值约为 0.749 m/s^2,到达峰值时间在 6.25 s 附近,负向峰值约为 0.697 m/s^2,到达峰值时间在 6.84 s 附近;在输入地震强度 0.2 g 的 Northridge 波作用时,特征点 A 水平加速度正向峰值约为 4.93 m/s^2,到达峰值时间在 2.68 s 附近,负向峰值约为 2.94 m/s^2,到达峰值时间在 4.84 s 附近,特征点 B 水平加速度正向峰值约为 2.59 m/s^2,到达峰值时间在 4.26 s 附近,负向峰值约为 3.21m/s^2,到达峰值时间在 5.69 s 附近。两个特征点在不同地震波作用下加速度峰值均有不同程度的放大效应,在地震强度 0.2 g 的 EI-Centro 波、Taft 波和 Northridge 波作用下特征点 A 的正向加速度峰值放大倍数分别为 1.19、1.06 和 1.31,负向加速度峰值放大倍数分别 1.03、1.34 和 1.28;特征点 B 的正向加速度峰值放大倍数分别为 1.21、1.12 和 1.25,负向加速度峰值放大倍数分别为 1.05、1.28 和 1.34。两组特征点到达加速度正向峰值和负向峰值时间均较地震波加速度峰值到达时间稍有延后,体现了结构动力响应过程的滞后性。

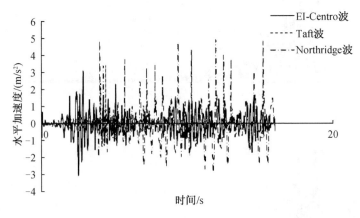

图 5-34　三种地震波作用下特征点 A 水平加速度时程曲线

2. 墙顶水平动位移

分别输入地震强度为 0.2 g 的 EI-Centro 波、Taft 波和 Northridge 波,整理计算结果并绘制特征点 A 分别在三种地震波作用下的水平动位移时程曲线,如图 5-36 所示。分析时程曲线可知,在 EI-Centro 波作用下,特征点 A 动位移正向峰值为 0.98 cm,到达峰值时间在 3.02 s 附近,负向峰值为 3.35 cm,到达峰值时间在 4.4 s 附近,正负向峰值差值为 4.33 cm,地震结束时刻 A 点动位移为 1.76 cm;在 Taft 波作用下,特征点 A 动位移正向峰值为 5.18 cm,到达峰值时间在 3.62 s 附近,负向峰值为 2.86 cm,到达峰值时间在 4.42 s 附近,正负向峰值差值为 8.04 cm,地震结束时刻 A 点动位移为 1.75 cm;在 Northridge 波作用下,特征点 A 动位移正向峰值为 2.96 cm,到达峰值时间在 3.66 s 附近,负向峰值为 1.41 cm,到达峰值时间在 4.26 s 附近,正负向峰值差值为 4.37 cm,地震结束时刻 A 点动位移为 0.92 cm。

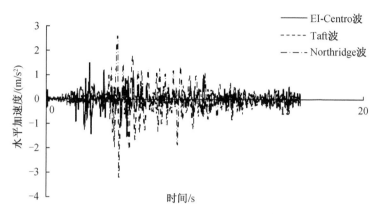

图 5 - 35　三种地震波作用下特征点 B 水平加速度时程曲线

由此可得出以下结论:

(1)相同地震强度不同地震波作用下结构的水平动位移差异显著,不同的频谱特性导致了结构水平动位移时程曲线的振动规律、振动幅度等均有差异。

(2)在三种地震波当中,使结构动位移正向峰值最大的是 Taft 波,负向峰值最大的是 EI - Centro 波,正负向差值最大的是 Taft 波,地震结束时刻动位移最大的是 EI - Centro 波。这说明对结构影响较大的是 EI - Centro 波和 Taft 波。

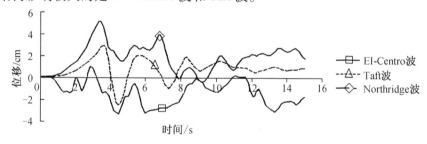

图 5 - 36　特征点 A 水平动位移时程曲线图

3. 墙身应力影响

整理计算结果并输出特征点 B 的最大拉应力时程曲线和特征点 A 的最大压应力时程曲线,分析墙身在不同地震波作用下的应力响应。

(1)特征点 B 的最大拉应力时程响应

选取地震波作用下结构最大拉应力的极值位置为特征点(即特征点 B (图 5 - 28)),输出在地震强度为 0.2 g 的 EI - Centro 波、Taft 波和 Northridge 波作用下 B 点最大拉应力时程曲线如图 5 - 37 所示。分析曲线可知,在 EI - Centro 波、Taft 波和 Northridge 波作用下 B 点最大拉应力峰值分别为 0.292 MPa、0.517 MPa 和 0.365 MPa,其中 Taft 波产生的最大拉应力峰值最大,EI - Centro 波产生的最大拉应力峰值最小;到达峰值时间分别为 14.98 s、4.98 s 和 13.62 s,其中 Taft 波到达峰值时间最早,EI - Centro 波到达峰值时间最迟。地震结束时刻,三种地震波作

用下 B 点最大拉应力分别为 0.285 MPa、0.473 MPa 和0.323 MPa。由此可得出以下结论：

①不同地震波产生的结构最大拉应力峰值亦不相同，最大拉应力时程曲线的波动随着地震加速度时程曲线的波动同步变化，随着地震加速度的增大而增大。这说明不同地震波的震动特性对结构的应力响应有很大影响。

②三种地震波作用下 B 点最大拉应力峰值到达时刻均迟于地震波加速度峰值时刻，这说明了结构动力响应存在滞后性。

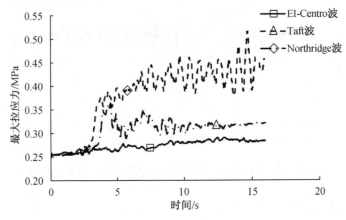

图 5 – 37   三种地震波作用下 B 点最大拉应力时程曲线

（2）特征点 A 的最大压应力时程响应

选取地震波作用下结构最大压应力的极值位置为特征点（即特征点 A（图 5 – 30）），输出在地震强度为 0.2 g 的 EI – Centro 波、Taft 波和 Northridge 波作用下 A 点最大压应力时程曲线如图 5 – 38 所示。分析曲线可知，在 EI – Centro 波、Taft 波和 Northridge 波作用下 A 点最大压应力峰值分别为 –2.04 MPa、–1.96 MPa 和 –2.09 MPa，其中 Northridge 波产生的最大压应力峰值最大，Taft 波产生的最大压应力峰值最小；到达峰值时间分别为5.94 s、7.62 s 和 4.18 s，Northridge 波到达峰值时间最早，Taft 波到达峰值时间最迟。地震结束时刻，三种地震波作用下 A 点最大压应力分别为 –1.99 MPa、–1.96 MPa 和 –2.03 MPa。

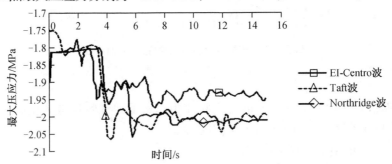

图 5 – 38   三种地震波作用下 A 点最大压应力时程曲线

由此可得出以下结论：

①不同地震波的震动特性对结构最大压应力影响显著，其中 Northridge 波产生的最大压应力峰值最大，Taft 波产生的最大压应力峰值最小；地震结束时刻 Northridge 波的最大压应力最大，Taft 波的最大压应力最小。

②三种地震波作用下 A 点最大压应力峰值到达时刻均迟于地震波加速度峰值时刻,再次说明了结构动力响应存在滞后性。

4. 墙后动土压力

分别输出地震强度为 0.2 g 的 EI - Centro 波、Taft 波和 Northridge 波作用下墙后动土压力沿墙高分布曲线,如图 5 - 39 所示。根据分布曲线可以看出,三种地震波作用下墙后动土压力分布形状一致,皆为抛物线形状,曲线走势相同,上升至极值后平缓下降。在 EI - Centro 波、Taft 波和 Northridge 波作用下墙后动土压力沿墙高分布峰值分别为 0.24 MPa、0.23 MPa 和 0.26 MPa,Northridge 波产生的动土压力峰值最大,Taft 波产生的峰值最小,峰值位置分别为距墙底4.4 m、4.0 m 和 4.0 m。这说明了由于地震波震动特性不同,产生的墙后动土压力沿墙高分布曲线也有所差异,对动土压力合理点位置也存在少许影响,但合理点位置都位于距离墙底 1/3 处附近。

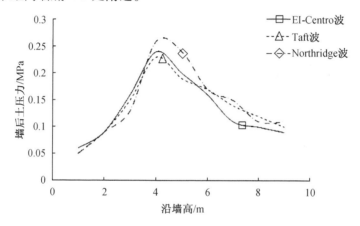

图 5 - 39　三种地震波作用下墙后土压力分布曲线

参 考 文 献

［1］ MATOUSEK V. Types of ice run and conditions for their formation［C］//IAHR International Symposium on Ice. Germany：Hamburg, 1984,1：315 – 327.

［2］ LAL A M W, SHEN H T. Mathematical model for river ice processes［J］. Journal of hydraulic Engineering, 1991, 117(7)：851 – 867.

［3］ SVENSSON U, BILLFALK L, HAMMAR L. A mathematical model of border – ice formation in rivers［J］. Cold Regions Science and Technology. 1989, 16(2)：179 – 189.

［4］ MARKO J R, JASEK M. Sonar detection and measurements of ice in a freezing river I：Methods and data characteristics［J］. Cold Regions Science and Technology, 2010, 63 (3)：121 –134.

［5］ MARKO J R, JASEK M. Sonar detection and measurement of ice in a freezing river II：Observations and results on frazil ice［J］. Cold Regions Science and Technology, 2010, 63(3)：135 – 153.

［6］ JASEK M. Ice jam release surges, ice runs, and breaking fronts：field measurements, physical descriptions, and research needs［J］. Canadian Journal of Civil Engineering, 2003,30(1)：113 – 127.

［7］ 吴剑疆,赵雪峰,茅泽育. 江河冰凌数学模型研究［M］. 北京:中国水利水电出版社,2016.

［8］ 孙肇初,汪德胜,汪肇兴等.冰塞厚度分布计算模型初步探讨［J］.水利学报,1989(1)：54 – 60.

［9］ 许连臣,徐宝红."冰凌输沙"问题浅议［J］.水利科技与经济,2008(2):62.

［10］ 张志忠.乌鲁木齐河流域河冰的基本特征［J］.冰川冻土,1992,4(3):267 – 270.

［11］ 肖迪芳,朱文生,王春雷.嫩江上游冰坝成因及预报方法［J］.东北水利水电,1997(1):22 – 25.

［12］ 李辑,胡春丽,李菲,等.1981—2009 年辽宁省河流封冻期特征及对气候变暖的响应［J］.气候变化研究进展,2011,7(6):418 – 422.

［13］ 陈宇.巴州河流冰情特性分析［J］.地下水,2016,38(4):152 – 153.

［14］ 师清冶,姜凯飞.1994 松花江佳木斯段形成冰坝原因分析［J］.黑龙江水利科技,1996(3):84 – 86.

［15］ BROWZIN B S, DURUM W H. The second decade of Soviet hydrology：Selected papers［J］. Eos Transactions American Geophysical Union, 1976, 57(11):817 – 819.

［16］ ALSTON G D. Froude Criterion for Ice – block Stability［J］. Journal of Glaciology, 1974, 13(68)：307 – 313.

［17］ BELTAOS S, PROWSE T D. Climate impacts on extreme ice – jam events in Canadian rivers［J］. Hydrological Sciences Journal – Journal Des Sciences Hydrologiques. 2001, 46(1)：157 – 181.

［18］ BELTAOS S. Threshold between mechanical and thermal breakup of river ice cover［J］.
Cold Regions Science and Technology, 2003, 37(1): 1 – 13.

［19］ BELTAOS S. Extreme sediment pulses during ice breakup, Saint John River, Canada
［J］. Cold Regions Science and Technology, 2016, 128: 38 – 46.

［20］ 沈洪道. 河冰研究［M］. 霍世青,李世明,饶素秋,等译. 郑州:黄河水利出版社,2010.

［21］ 李振喜. 黄河下游冰情预报方法简述［J］. 治黄科技情报,1993(1):12 – 14.

［22］ 陈赞廷,可素娟. 建立黄河下游冰情数学模型优化三门峡水库防凌调度的研究［J］.
冰川冻土,1994(3):211 – 217.

［23］ 隋觉义,周亚飞. 冰盖前缘处冰块下潜临界条件研究［J］. 水利学报,1993(10):
46 – 51.

［24］ 王军,孙连进,周智慧. 冰塞下冰块起动分析［J］. 水利水运科学研究,1999(2):
165 – 171.

［25］ 路卫卫. 冰排与建筑物挤压破坏有限元模拟分析研究［D］. 天津:天津大学,2007.

［26］ 孙肇初,隋觉义,倪景贤. 水内冰冰塞的形成和演变的实验研究［R］. 国家自然科学
基金资助项目报告专题研究报告,1990.

［27］ 王军. 平衡冰塞厚度与水流条件和冰流量关系的试验研究［J］. 兰州大学学报(自然
科学版),2002 (1):117 – 121.

［28］ 尹运基. 弯道冰塞水位试验研究［D］. 合肥:合肥工业大学,2005.

［29］ 史杰. 冰盖流水流结构的试验研究［D］. 石河子:石河子大学,2008.

［30］ MICHEL B, ABDELNOUR R. Break – up of a solid river ice cover［C］//International
Symposium on Ice Problems, 3rd, Proceedings, Dartmouth College, Hanover, NH, Aug.
18 – 21, 1975.

［31］ CLARK S P, DOERING J C. Frazil flocculation and secondary nucleation in a counterrotating
flume［J］. Clod Regions Science and Technology, 2009, 55(2): 221 – 229.

［32］ CALKINS D J, ASHTON G D. Arching of model ice floes: effect of mixture variation on
two block sizes. CRREL Report 76 – 42［J］. US Army Cold Regions Research and
Engineering Laboratory, Hanover, New Hampshire, USA, 1976.

［33］ CALKNS D J, ASHTON G D. Arching of fragmented ice covers［J］. Canadian Journal of
Civil Engineering, 1975, 2(4): 392 – 399.

［34］ HOPKINS M A, DALY S F, SHEARER D R, et al. Simulation of river ice in a bridge
design for Buckland, Alaska［C］//Proceedings of the 16th. International Symposium on
Ice,2002: 254 – 261.

［35］ 王军. 冰塞形成机理与冰盖下速度场和冰粒两相流模拟分析［D］. 合肥:合肥工业大
学,2007.

［36］ 吴辉碇,白珊,张占海. 海冰动力学过程的数值模拟［J］. 海洋学报(中文版),1998
(2):1 – 13.

［37］ 曾洪梅,郑飞,曾艳丽,等. 三维可视化概念层次模型［J］. 计算机工程与设计,2004
(10):1702 – 1706.

［38］ BRIAN G, RODNEY R, PAM W. Real – time Visual Simulation on PCs ［J］. Computer
Graphics and Applications IEEE, 1999,19(1): 11 – 15.

[39] CUI L J, PADDENBURG A V, ZHANG M Y. Applications of RS, GIS and GPS technologies in research, inventory and management of wetlands in China[J]. Journal of Forestry Research, 2005, 16(4): 317 –322.

[40] AMAUD L, BERNARD C. 3D Topological modeling and visuallization for 3D GIS [J]. Comptutre&Graphics, 1999, 23(4): 469 –478.

[41] DUKES M D, CARDENAS – LAILHACAR B, DAVIS S, et al. Smart Water Application Technology (SWAT™) Evaluation in Florida [C]//2007 ASAE Annual Meeting. American Society of Agricultural and Biological Engineers, 2007: 1.

[42] FATTORUSO G, TEBANO C, AGRESTA A, et al. Applying the SWE Framework in Smart Water Utilities Domain [C]//Sensors: Proceedings of the Second National Conference on Sensors, Rome 19 –21 February, 2014. Springer, 2015, 319: 321.

[43] 庞树森,许继军.国内数字流域研究与问题浅析[J].水资源与水工程学报,2012,23 (1): 164 –167.

[44] 刘家宏,王光谦,王开.数字流域研究综述[J].水利学报,2006,37(2):240 –246.

[45] 王光谦,王思远,陈志祥.黄河流域的土地利用和土地覆盖变化[J].清华大学学报 (自然科学版),2004,44(9):1218 –1222.

[46] 王光谦,刘家宏,李铁键.黄河数字流域模型原理[J].应用基础与工程科学学报, 2005(1):1 –8.

[47] 刘仁义,刘南.基于 GIS 技术的淹没区确定方法及虚拟现实表达[J].浙江大学学报 (理学版),2002,29(5):573 –578.

[48] 刘仁义,刘南.基于 GIS 的复杂地形洪水淹没区计算方法[J].地理学报,2001,56 (1):1 –6.

[49] 任红旭.基于 OSG 的洪水演进可视化研究[D].郑州:郑州大学,2009.

[50] 庞树森,许继军.国内数字流域研究与问题浅析[J].水资源与水工程学报,2012,23 (1):164 –167.

[51] 张勇传,王乘.数字流域:数字地球的一个重要区域层次[J].水电能源科学,2001 (3):1 –3.

[52] 王向前.基于 Skyline 的黑河流域地形三维可视化技术研究与实现[D].兰州:兰州大 学,2011.

[53] 钟登华,宋洋.大型水利工程三维可视化仿真方法研究[J].计算机辅助设计与图形 学学报,2004,16(1):121 –127.

[54] 钟登华,宋洋.基于 GIS 的水利水电工程三维可视化图形仿真方法与应用[J].工程 图学学报,2004,25(1):52 –58.

[55] 钟登华,周锐,刘东海.水利水电工程施工系统三维建模与仿真[J].计算机仿真, 2003,20(2):86 –91.

[56] 熊光楞.先进仿真技术与仿真环境[M].北京:国防工业出版社,1997.

[57] 刘东海.工程可视化辅助设计理论方法及其应用[D].天津:天津大学,2002.

[58] 朱广堂.基于 GIS 的工程施工管理实时可视化技术研究[D].武汉:华中科技大 学, 2005.

[59] 宋海良.集装箱港区作业系统交互式仿真与方案优化研究[D].天津:天津大

学,2009.

[60] 张伟波. 大型地下洞室群施工系统仿真理论与应用研究[D]. 天津:天津大学,2003.

[61] 钟登华,刘东海. 工程可视化辅助设计理论方法与应用[M]. 北京:中国水利水电出版社,2004.

[62] 朱广堂. 基于 GIS 的工程施工管理实时可视化技术研究[D]. 武汉:华中科技大学,2005.

[63] HALPIN D W. CYLONE – method for modeling job site processes[J]. Journal of the Construction Division, ASCE, 1977, 103(3): 489 –499.

[64] MOAVENZADEH F, MARKOW M J. Simulation model for tunnel construction costs[J]. Journal of the Construction Division,1976,102(1):51 –66.

[65] CLEMMINS J P, WILLENBROCK J H. The SCRAPESIM computer simulation[J]. Journal of the Construction Division, 1978, 104(4): 419 –435.

[66] KAVANAGH D P. SIREN: a repetitive construction simulation model[J]. Journal of Construction Engineering and Management, 1985, 111(3): 308 –323.

[67] HUANG R Y, HALPIN D W. Dynamic interface simulation for construction operations (DISCO)[J]. Automation and Robotics in Construction, 1993, 10: 503 –513.

[68] ZEIGLER B P, KIM T G, PRAEHOFER H. Theory of modeling and simulation[M]. Academic Press, 2000.

[69] HU X N, SHI T M, WANG J L. Estimation of earthworks zero line based on spatial gridding curved surface model constructed by digital elevation model [J]. Journal of Shenyang Jianzhu University (Natural Science), 2007, 23(3):427 –431.

[70] ABOURIZK S, MATHER K. A CAD – based simulation tool for earthmoving construction method selection[C]//Computing in Civil Engineering. ASCE, 1998: 39 –52.

[71] 钟登华,郑家祥,刘东海,等. 可视化仿真技术及其应用[M]. 北京:中国水利水电出版社,2002.

[72] 钟登华,李明超,杨建敏. 复杂工程岩体结构三维可视化构造及其应用[J]. 岩石力学与工程学报, 2005, 24(4):575 –580.

[73] 钟登华. 可视化仿真技术及其应用[M]. 北京:中国水利水电出版社, 2002.

[74] 孙紫轩. 高填方机场边坡稳定性影响因素分析[D]. 成都:成都理工大学,2015.